바이오해커가
온다

이 저서는 2011년 정부(교육과학기술부)의 재원으로 한국연구재단의 지원을 받아 수행된 연구임(NRF-2011-812-H00006)

BIO HACKER

바이오해커가

온다

생 명 공 학 을 해 킹 하 는
신 인 류 에 관 한 보 고 서

김훈기 지음

글항아리

일러두기
본문에 자주 등장하는 약어 및 용어는 다음을 의미한다.

- BPABioBrick™ Public Agreement: 바이오브릭 공공협약
- DTCDirect-To-Consumer 유전자검사 서비스: 의료기관을 거치지 않고 일반 소비자에게 직접 유전정보를 제공하는 서비스
- GPLGeneral Public License: 일반공공협약
- iGEMinternational Genetically Engineered Machine(아이젬 대회): 국제유전공학기계 대회
- SNPSingle Nucleotide Polymorphism: 단일염기 다형성
- PCRPolymerase Chain Reaction: 중합효소연쇄반응
- PGPPersonal Genome Project: 개인유전체프로젝트

"전 세계 누구라도 몇 달러만 가지고 생명체를 만들 수 있다. 그리고 이 생명체는 전혀 새로운 세계를 창조할 것이다."

올해 초 미국 샌프란시스코의 스타트업 회사인 케임브리언 지노믹스 대표 오스틴 하인츠가 언론과의 인터뷰에서 밝힌 내용이다. 하인츠의 나이는 31세. 그의 회사는 고객이 생명체의 특정 유전정보를 담고 있는 DNA를 주문하면 곧바로 저렴하게 '인쇄'할 수 있는 첨단 생명공학 장비를 보유하고 있다. 11명에 불과한 회사 구성원들은 이미 120여 명의 투자자로부터 1000만 달러를 지원받았으며, 일반인 누구라도 자신이 설계한 생명체를 현실에서 만들 수 있는 세상을 꿈꾸면서 제2의 실리콘밸리 신화를 기대하고 있다.

최근 들어 서구 사회에서 심심치 않게 들려오는 과학소식이다. 제도권 바깥에서 기술력 하나만으로 막대한 부와 명예를 거머쥐려는 야심찬 연구자들이 이제 정보통신기술에서 생명공학으로 관심 영역을

넓히고 있다. 이들은 일반인들의 생명현상에 대한 지적 호기심을 강렬하게 자극하면서 대중적인 지지를 폭넓게 확보해나가고 있다. 이른바 '과학기술의 민주주의적 사용'이라는 구호를 외치며 "당신이 직접 생명공학을 사용하고 그 혜택을 누려야 한다"고 주장한다.

누구나 가정이나 마을 실험실에서 간단하게 새로운 생명체를 만들 수 있도록 도와주는 교육 프로그램들이 속속 등장하고 있다. 3월 초 미국의 대표적 크라우드 펀딩crowd funding 사이트인 인디고고 indiegogo.com에서는 하루 안에 색상이 두 번 바뀌는 유전자변형 피튜니아를 개발해 일반인에게 제공하겠다면서 연구비 지원을 호소하는 캠페인이 선보였다. 한편으로 개인의 유전정보가 궁금한 사람들에게 병원에 가지 않더라도 신속하게 질병에 걸릴 가능성을 알려주는 회사들이 미국과 영국에서 인기를 끌고 있다. 확실히 몇 년 전에 비해 생명공학은 일반인이 손만 뻗으면 닿을 수 있는 곳까지 가까이 와 있다. 이 현상을 어떻게 받아들여야 할까.

위 사례들은 한동안 생명공학이 사회에 던지는 의미를 고민해온 내게 상당히 혼란스럽게 다가온 현상이었다. 1990년대 말부터 인간게놈 프로젝트, 유전자변형생명체GMO, 복제기술 등 각종 첨단 생명공학의 성과가 인간과 생태계에 미치는 영향을 두고 지구촌 곳곳에서 사회적 논쟁이 활발하게 벌어져왔다. 그리고 논쟁의 계기는 항상 제도권 내, 즉 대학이나 기업의 과학기술자가 개발한 신기술에 맞추어져 있었다. 하지만 2000년대 중반부터 미국 과학계를 중심으로 시작된 새로운 연구의 흐름에서는 주체가 확실히 바뀌고 있다. 말 그대로 생명체를 합성하는 일이 목표인 합성생물학Synthetic Biology이 등장하면서 생명공학은 제도권 바깥의 영역으로 빠르게 전파되고 있다. 굳이 박사학위를 받지 않아도, 전공과 무관하게 그리고 남녀노소 불문하고 생명체를 제작할 수 있는 시대가 이미 서구 사회에서는 열려 있다. 연구의 동기는 순수한 지적 호기심 충족에서 새로운 비즈니스 모델 창출에 이르기까지 복합적이고 다양하다. 연구의 결과가 인간과 생태계에 미치는 파장 역시 복합적이고 다양하게 일어날 것이다.

새로운 연구 활동의 주체는 '바이오해커biohacker'라고 부르기로 했다. 내가 새로 이름을 붙인 것이 아니라, 연구 주체가 스스로 표방하고 있는 구호들 가운데 하나를 선택한 것이다. 외국 자료를 검색하다 보면 '생명체(또는 생명정보)를 해킹한다'는 표현이 이미 일상화되어 있음을 알 수 있다. 바이오해커 집단은 한편으로 자신들의 활동이 생명공학 분야에서 기술혁신을 이끌 것이라고 주장해왔고, 이들에 대한 일부 사회적 평가 역시 그렇게 이루어져왔다. 다른 한편으로 바이오해커 집단의 활동에 대한 우려의 목소리도 분명 커지고 있다. 이 책에서는 기술혁신과 사회적 우려의 측면을 동시에 점검하고자 했다.

책의 집필은 2011년 한국연구재단의 인문저술분야 저술출판지원사업에 선정되면서 시작되었다. 1단계 보고서를 작성하던 시점에는 바이오해커의 활동을 주로 개인별 수준에서 확인할 수 있었다. 집단을 이루어 활동하는 사례는 미국 매사추세츠공대MIT에서 매년 개최되는 국제유전공학기계iGEM, international Genetically Engineered Machine 대회(아이젬 대회) 정도가 확인되었다. 따라서 바이오해커 집단이 가진 기술혁신의 잠재력 그리고 이 잠재력이 발휘되는 것을 저해하는 요인에 대한 논의는 주로 아이젬 대회에 초점을 맞추어 진행할 예정이었다. 기술혁신의 잠재력에 대한 논의는 아이젬 대회의 학문적 배경을 이루는 합성생물학의 오픈소스open source 정신에 초점을 맞출 예정이었으며, 저해 요인에 대한 논의는 합성생물학 분야가 야기하는 생물안전성과 생물안보 이슈를 중심으로 진행할 계획이었다.

그러나 2013년부터 아이젬 대회 외에 바이오해커 집단의 대표적인 프로젝트들이 새롭게 가시화되기 시작했다. 프로젝트의 목표는 기존의 유전자변형 미생물의 제작을 넘어 유전자변형 식물의 제작(발광식물 프로젝트), 3D 프린터를 이용한 생체요소의 제작(3D 바이오 프린터 프로젝트), 인간을 대상으로 한 생체 실험의 수행(자가 헬스케어 프로젝트) 등으로 확대됐다. 이들 프로젝트를 종합적으로 살펴본 결과, 기술혁신의 잠재력을 저해하는 요소로 특허 취득을 통한 독점적 상업화의 문제가 새롭게 주요 이슈로 부각되고 있음을 확인했다. 또한 실험대상이 인체에까지 적용됨에 따라, 생물안전성과 생물안보 외에도 실험상의 안전사고 이슈가 발생할 수 있다는 점을 발견했다. 이 책에서는 2015년 초반까지 진행되어온 바이오해커 집단의 활동을 4개의 프로젝트로 간추려 정리했다. 프로젝트별로 기술혁신의 요소를 점검하는 한편, 기술혁신의 잠재력을 저해하는 요소를 총괄적으로 정리하는 방향으로 집필을 진행했다.

이 책에서 사용한 주된 연구방법은 문헌조사였으며, 부분적으로 관계자들과 인터뷰를 시도했다. 새로운 프로젝트가 주로 외국의 언론매체를 통해 소개된 경우가 많아, 학계의 논의는 물론 언론매체도 많이 참조했다. 바이오해커 집단과 관련된 인물에 대한 인터뷰 내용은 문헌조사로 충분히 확인되지 않은 경우에 한해 책에 보조적으로 반영했다.

그동안 국내외에서 바이오해커 집단의 활동을 단편적으로 소개한 저술은 많았지만 대표적인 프로젝트들을 선정해 기술혁신의 관점에서 종합적으로 점검한 단행본은 없었다. 바이오해커의 활동은 2000년대 중반부터 집단적인 형태로 가시화되기 시작했으며, 최근까지 서구 선진국에서 그 세력이 점차 확대됨에 따라 뚜렷한 사회현상으로 부각되고 있다. 바이오해커 집단은 한편으로 '생명공학의 민주주의적 사용'을 강력하게 표방하며 제도권에서 다루지 않는 연구를 활발하게 수행하고 있다는 점에서 과학기술과 사회의 관계를 고찰하는 인문사회학계의 흥미로운 연구 대상으로 부상하고 있으며, 다른 한편으로는 생명체를 다루는 활동의 결과가 인류에게 악영향을 미칠 수 있다는 점에서 세계적으로 많은 우려를 낳고 있다.

그러나 국내에서는 바이오해커라는 용어 자체가 사회적으로 낯설고 제도권 과학기술계에서는 합성생물학이 이제 출범하는 단계에 이르고 있어, 서구 사회 바이오해커 집단의 활동 자체가 국내 학계와 언론매체에 소개된 사례가 거의 없다. 한편 외국에서는 바이오해커 집단의 활동에 대한 저술이 대부분 프로젝트 사례별로 그리고 한정된 주제 속에서 다루어지고 있다. 단행본의 경우, 합성생물학이 갖는 기술혁신의 잠재력과 이에 대한 사회적 우려를 포괄적으로 정리한 저술에서 바이오해커 집단의 활동을 일부 소개하는 수준이거나, 바이오해커 개개인의 다양한 활동을 사회문화적 관점에서 개괄적으로 소개하는 데 그치고 있다. 논문의 경우, 기술혁신의 잠재력을 종합적으로 점검하기보다 바이오해커 집단에게 닥친 지식재산권 문제나 바이오해커의 활동에 대한 사회적 우려를 다루는 연구가 프로젝트별 사례를 통해 부분적으로 이루어져왔다. 한편 인체를 대상으로 실험을 진행하는 바이오해커의 존재는 일부 서구의 언론매체에서 부분적으로 소개되는 데 그치고 있다.

이 책은 바이오해커 집단의 존재와 의미를 국내에 처음 소개하는 보고서다. 바이오해커 집단의 활동을 기술혁신의 관점에서 정리하고 그 사회적 함의를 소개함으로써, 향후 국내에서 바이오해커에 대한 본격적인 논의가 이루어질 때 참고가 될 수 있는 기본 정보를 제공하고 있다. 한국 사회에서는 아직까지 바이오해커의 활동이 가시화되고 있지 않지만, 그 활동이 시작될 수 있는 사회적 기반은 점차 형성되고 있다.

제1부에서는 바이오해커 집단의 출현 배경과 바이오해커 집단이 지니고 있는 기술혁신의 요소를 정리했다. 먼저 제1장에서는 내 관점에서 바이오해커의 개념을 정리해 소개했다. 바이오해커가 기존의 DIY-Bio 활동가들과 비교해 어떻게 다른지를 설명하고, 바이오해커 집단이 오픈소스 정신을 바탕으로 '생명공학의 민주주의적 사용'을 표방한 배경을 서술했다. 제2장에서는 바이오해커 집단이 가진 기술혁신의 잠재력을 소개하기 위해 기술혁신의 일반적 요소들인 장비, 정보, 지적 능력, 자금 등을 확보하고 있는 현황을 정리했다.

제2부에서는 최근까지 가시화된 바이오해커 집단의 프로젝트 네 가지를 선정, 각각을 바이오해커 집단의 목표, 활동 현황, 성과 등을 상세하게 정리했다. 기술혁신의 일반적 요소들이 프로젝트별로 어떻게 확보되고 있는지에 대해서는 주로 활동 현황 부분에서 소개했다. 먼저 제3장에서는 바이오해커 집단의 최대 교육 행사인 아이젬 대회를 다루었다. 2004년부터 개최되어온 아이젬 대회는 세간에 가장 많이 알려진 바이오해커의 활동 공간인 동시에 서구 인문사회학계에서 가장 활발한 논의가 이루어지고 있는 대상이기도 하다. 이어 제4장에서는 2013년 발족한 발광식물 프로젝트를 소개했다. 바이오해커 집단이 미생물에서 식물로 실험 대상을 확대한 사례라는 점, 크라우드 펀딩을 통해 안정적인 연구자금을 확보했다는 점에서 의미 있는 프로젝트다. 제5장에서는 현재 세계 제조업계에서 일대 혁신을 일으키고

있는 3D 프린터 분야의 프로젝트 현황을 정리했다. 2013년 초반 1단계가 완료된 이 프로젝트는 바이오해커 집단이 생명체 제작을 위해 유전자변형 외에도 3D 프린터를 이용하고 있다는 점, 실험 장비를 오픈소스 하드웨어에서 확보하기 시작했다는 점 등에서 주목할 만하다. 제6장에서는 자신의 신체에 변형을 가하는 실험을 수행중인 DIY-medicine의 사례를 소개했다. 바이오해커의 실험에 기반이 되는 개인 유전정보의 검사는 2013년 미국 사회에서 많은 논란을 일으킨 문제다. 인체 실험은 아직까지 일부 시민과 환자가 시도하고 있는 수준이긴 하지만, 개인맞춤형 의료가 각광받는 사회적 분위기가 형성되고 있기 때문에 이 같은 시도가 점차 확산될 것이라는 점에서 검토가 필요한 사례다.

제3부에서는 바이오해커 집단이 갖는 기술혁신의 잠재력을 저해하는 요소에 대해 논의했다. 주로 제2부에서 소개한 네 가지 프로젝트를 중심으로 논의를 진행했다. 먼저 제7장에서는 특허 등록을 통한 독점적 상업화의 가능성이 바이오해커 집단의 향후 활동이 활성화되는 데 부정적인 영향을 미치는 요소라는 점을 설명했다. 또한 제8장에서는 생물안전성과 생물안보 이슈와 함께 실험상의 안전사고 이슈가 사회적인 우려를 불러일으키고 있는 상황을 소개했다. 이런 우려로 인한 사회적 견제는 바이오해커 집단의 기술적 능력이 제대로 발휘되지 못하게 만들 것이다.

제4부에서는 앞선 내용들을 종합적으로 고찰하면서 바이오해커 집단 활동의 가까운 미래를 전망했다. 제9장에서는 바이오해커 집단의 활동 결과가 기술혁신에 어떤 방식으로 기여할 수 있는지에 대해 종합적으로 점검하는 한편, 특허 등록을 통한 독점적 상업화를 지양하기 위한 방안을 모색했다. 또한 안전사고, 안전성, 안보 이슈를 해소

하기 위한 바이오해커 집단의 자체적 통제 노력을 소개하고, 우리 사회가 위험을 최소화하기 위해 어떤 과제를 안고 있는지를 정리했다. 제10장에서는 서구 사회의 바이오해커 집단 프로젝트가 한국 사회에 던지는 의미를 간략하게 정리했다. 최근 국내 제도권에서 바이오해커와 관련해 진행되는 대형 프로젝트의 현황을 소개하는 한편, 바이오해커 집단의 출현에 대비해 어떤 준비가 필요한지 설명했다. 특히 최근 들어 한국 정부와 기업이 관심을 쏟고 있는 개인맞춤형 유전정보 서비스 시장의 개방 문제는 서구 사회의 주요 이슈가 한국에서도 조만간 활발하게 논의될 것임을 시사하고 있다.

마지막으로 보론에서는 '기술혁신과 사용자'라는 주제와 관련된 기존의 이론적 논의와 연관지으면서 바이오해커 집단이 갖는 독특한 성향을 설명했다. 원래 초고에서는 제1부에 속해 있었지만, 다소 추상적이고 딱딱한 내용을 담고 있어 독자의 편의를 고려해 별도로 배치했다.

3년간 책을 집필하면서 가장 크게 느낀 사실은 바이오해커 집단의 활동 내용을 제대로 파악하기에 내 역량이 많이 부족하다는 점이었다. 프로젝트 하나하나가 깊이 있는 전문지식을 요구하는 한편, 그 활동의 사회적 함의 또한 복잡하게 얽혀 있었다. 한국연구재단의 지원 프로그램이 아니었다면 처음부터 엄두를 내지 못했거나 중간에 포기했을 작업이었다. 이 자리를 빌려 집필의 기회를 열어준 한국연구재단과 부족한 초고의 문제점을 정확하고 심도 있게 지적해준 익명의 심사위원들께 깊이 감사를 드린다. 미처 충분히 보완하지 못한 부분은 전적으로 나의 역량 부족 때문이다. 아울러 국내에서 바이오해커의 활동을 진지하게 고민하고 독려하면서 내 성가신 질문에 늘 친절하게 답해주신 최인걸 교수님(고려대학교 생명공학과)과 미국 맨해튼에 설립된 대표적인 바이오해커 집단 GenSpace의 활동을 주도하며 생면부지인 내게 성심성의껏 이메일로 인터뷰에 응해주신 임성원님께 이제야 홀가분하게 감사의 마음을 전한다. 어려운 국내 여건 속에서 책의 초고가 완성됐을 때 흔쾌히 출판을 허락해주신 글항아리 강성민 대표님을 비롯해 박민수 편집자와 편집진 여러분께 깊이 감사드린다. 가장 가까운 곳에서 변함없이 나를 지켜주고 있는 아내 박인경과 귀염둥이 누리에게 평소 표현하지 못한 사랑의 마음을 전한다.

BIO HACKER

제1부

바이오해커의
출현

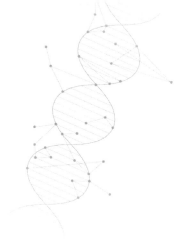

01

시민이 자유롭게 향유하는
생명공학을 위하여

'DIY_Do-It-Yourself'라는 용어는 보통 가정에서 사용하는 가구나 가전제품, 장난감 등을 일반 사용자가 직접 조립하는 작업을 뜻한다. 완제품에 비해 저렴한 가격으로 제품을 사용할 수 있는 한편, 스스로 손과 머리를 쓰며 주어진 과제를 완성하는 과정에서 성취감도 느낄 수 있기 때문에 DIY 제품이 근래 많은 관심을 끌고 있다.

그런데 DIY는 이미 첨단 과학기술의 영역으로도 확대되고 있다. 세계 각국의 언론매체는 복잡한 전자기기는 물론 로봇이나 로켓, 심지어 인공위성까지 과거 전문가만이 참여할 수 있었던 다양한 과학기술 제품 개발이 비전문가의 영역에서 시도되고 있는 사례들을 종종 보고하고 있다.

첨단 과학기술의 영역에서 DIY 과정을 통해 개발된 산물은 일상생활용 DIY 제품과는 그 파급효과가 다르다. 단순히 가정 내에서 혼자 만족하며 사용하는 제품이 아니라, 사회적으로 커다란 영향을 미치는 제품이 개발될 가능성이 있기 때문이다. 그 가능성을 보여주는 대표적인 사례가 생명체의 제작을 시도하고 있는 분야, 즉 DIY-Bio 영역의 출현이다.

DIY-Bio를 문자 그대로 풀이하면 '생명체를 대상으로 어떤 행위를 스스로 하기'를 의미한다. 이 같은 일반적인 의미에서 본다면 DIY-Bio는 지구촌에서 오래전부터 진행돼온 시민과학자•의 활동에서 자주 발견된다. 가장 흔한 사례는 일반 시민이 주변 생태계의 생물다양성을 직접 관측해 수집한 자료를 보고하는 활동이다.[1] 미국의 경우, 동물과 식물이 계절별로 또는 기후변화에 따라 어떤 분포를 나타내는지 모니터링하고 보고하는 네트워크(usanpn.org) 활동, 미국 내 조류의 분포를 보고하는 그룹(birdsource.org)•• 활동, 자신의 지역에서 관찰한 동물과 식물에 대한 내용을 실시간으로 구글맵에 표시하는 그룹(inaturalist.org) 활동, 미국 샌프란시스코주립대학의 독려로 시민이 각자의 정원에 꽃핀 해바라기에 모여든 꿀벌의 수와 행동을 기록해 도시 내 꿀벌로 인한 수분 실태를 조사하는 그룹(greatsunflower.org) 활동 등 다채로운 생태계 모니터링 프로젝트가 수십 년 전부터 진행되어왔다. 이들 프로젝트에 참여하고 있는 시민과학자는 대부분 아마추어 수준의 지식을 갖추고 생태계 보전이라는 공익을 위해 자원해 활동하고 있는 일반인이다.

하지만 최근에는 DIY-Bio 영역에서 과거와는 다른 종류의 과학 활동을 수행하는 시민이 대거 등장하고 있다. 활동의 내용 측면에서 가장 큰 차이점은 생명체를 단순히 관찰하는 일을 넘어 생명체를 변형시키는 작업을 수행한다는 것이다. 전통적인 학문에 비유한다면, 생명체의 현상을 탐구하고 기록하는 '자연과학'의 영역에서 생명체를 인간이 원하는 대로 변화시키고 제작하는 '공학'의 영역으로 전환된 셈이다. 서구의 주요 언론에서 보도되고 있는 몇몇 흥미로운 사례를 살펴보자.

[사례 1] 컴퓨터 프로그래머인 메러디스 패터슨은 퇴근 뒤 미국 샌프란시스코의 아파트 방에서 자신만의 실험을 수행한다. 실험 내용은 유전자변형 미생물을 만드는 일이다. 그녀는 2008년 중국에서 30여 만 명의 어린이를 병들게 한 우유 안의 독성 멜라민 소식을 들은 이후 멜라민을 손쉽게 감지할 수 있는 미생물을 개발 중이다. 해파리의 발광發光 유전자를 미생물에 삽입해 미생물이 희미하게 빛나게 만드는 실험에 이미 성공한 상태였다. 이 미생물을 좀더 변형해 우유 내 멜라민의 존재 여부를 확인하려고 한다. 실험에 필요한 전체 예산은 500달러 이내였다. 원심분리기 용도로 플라스틱 야채탈수기를, 실험 샘플을 밀폐 상태로 보관하기 위해 플라스틱 지퍼백을 사용했다. 실험에 속도를 내기 위해 150달러를 들여 전기천공기를 추가로 구입했다. 실험에 성공하면 인터넷에 결과를 올려 일반인에게 알릴 계획이다.[6]

[사례 2] 벨기에인 디자이너 투르 판 발렌은 요구르트에 흔한 박테리아를 변형시켜 항우울성 효과를 낼 수 있는 방법을 한 공개강연장에서 소개했다. 먼저 요구르트에서 소화를 돕는 박테리아인 젖산균이 필요한

데, 이는 건강식품 상점에서 쉽게 구할 수 있다. 다음으로 박테리아의 수를 늘리기 위해 우뭇가사리 성분의 영양배지에 넣고 배양한다. 이 배양기는 저렴하게 구입할 수도 있고 간단하게 직접 만들 수도 있다. 이후 인터넷 웹사이트에서 항우울증과 관련된 DNA 염기서열을 검색했다. 그는 860개의 염기서열로 이뤄진 DNA 정보를 알아냈고, 이를 실물로 주문해 얻은 다음 자신이 기르던 박테리아에 섞어넣었다. 이 과정에서 필요한 요소는 원심분리기, 고전압 전기충격기, 항생제 그리고 인내였다. 이 박테리아를 포함한 요구르트를 만드는 데는 불과 5일이면 충분하다고 한다. 그는 2011년 비둘기의 배변 물질을 정화할 수 있도록 자신이 유전자를 변형한 박테리아를 비둘기 먹이로 사용하자고 제안하기도 했다. 자신의 다양한 연구내용을 홈페이지(www.tuurvanbalen.com/about)에 계속 소개하고 있다.[7]

위 사례의 인물들은 미생물의 유전자를 변형시켜 자신이 원하는 생명체를 만드는 공학적 실험을 수행한다. 이들은 자신의 문제의식을 공학적으로 해소하고자 자택의 부엌, 거실, 차고 등에 개인 실험실을 차려놓고 실험에 몰두한다. 자신의 차고에서 스스로 생명체를 제조한다는 의미에서 이들의 활동 영역은 흔히 '차고 생물학garage biology'이라고 소개되기도 한다.*

* 차고 생물학이라는 말을 언론매체에 소개한 대표적인 인물은 로버트 카슨이다. 카슨은 워싱턴대학 전자공학과의 중견 연구원으로 활동하던 2005년 5월 『와이어드』에 기고한 "스스로 이어붙여라Splice It Yourself"라는 제목의 글에서 "차고 생물학의 시대가 우리 앞에 왔다"며, 자신의 집 차고에서 온라인으로 장비를 구입해 손쉽게 실험을 할 수 있기 때문에 누구나 DIY-Bio 활동에 동참할 수 있다고 주장했다.[9]

2010년 영국의 과학전문지 『네이처Nature』는 차고 생물학 실천가들의 실제 실험 장비를 상세히 소개해 화제를 모았다.[8] 이들은 중고 실험 장비를 온라인에서 구입해 사용하거나 직접 집안 가전제품을 변형해 필요한 도구를 만든다. 예를 들어 웹카메라를 개조해 현미경으로 사용하거나, 믹서나 전동기의 회전 부분을 활용해 원심분리기를 만든다. DNA를 대량으로 증폭하는 중합효소연쇄반응PCR, Polymerase Chain Reaction 장치는 인터넷에서 원가로 구입할 수 있다. 유전자를 변형한 대장균Escherichia coli을 배양하기 위해 신체의 일부인 겨드랑이를 사용하기도 한다. 보통 미생물의 배양을 위해서는 섭씨 37도를 유지해야 하는데, 실제 배양기의 가격이 100달러 이상이기 때문에 자신의 체온을 이용하는 것이다. 웬만한 유전자변형 미생물을 만들 수 있는 실험 장비 비용은 대략 수백만 원 정도다.

이 새로운 유형의 DIY-Bio 활동가들은 스스로를 '바이오해커'라는 이름으로 종종 표현한다. 보통 해커라는 말은 이중적인 의미로 사용되고 있다. 즉 정보기술IT 분야에서 강한 열정과 뛰어난 실력을 갖추고 사회적으로 유익한 결과물을 생산하기 위해 활동하는 사람과 개인적인 욕구를 충족시키기 위해 전문성을 발휘해 기존 시스템 정보를 훔치거나 파괴하는 사람(크래커cracker)을 동시에 의미한다.• 스스로 바이오해커라 표방하는 DIY-Bio 활동가들은 자신을 당연히 전자의 의미로서의 해커라고 소개한다. 여기서 해킹hacking은 생명의 설계도인 DNA 정보를 기본으로 한 생체정보를 알아낸다는 의미로 사용된다. 따라서 바이오해커는

• IT 분야에서 초창기 해커의 개념은 부정적이거나 경멸적인 의미를 담고 있지 않다. 당시 해커들은 컴퓨터 시스템에 침투하거나 신용카드 정보를 훔치는 일에 관심이 없었다. 이들은 컴퓨터의 문제점을 명쾌하게 해결하는 데 그리고 경제적 이유보다 해킹 그 자체에 열정을 쏟았다.[10]

인류에게 유익한 유전자 부위의 염기서열, 또는 건강정보를 알아내고 이를 활용해 기존 생명체를 변형하는 사람을 뜻한다. 그리고 변형 대상인 생명체는 주로 미생물에 맞춰지고 있지만, 점차 식물과 인체로까지 확대되고 있는 추세다. 이 책에서는 새로운 유형의 DIY-Bio 활동가를 단순히 생명체의 정보를 수집하는 시민과학자와 명확히 구별하기 위해 바이오해커라고 표현하겠다.

바이오해커의 활동은 제도권 바깥에서 이뤄지고 있다. 하지만 바이오해커의 범주에는 앞의 두 사례와는 달리 제도권 내에서 생명공학 분야의 전문적인 훈련을 받은 사람들도 포함된다. 예를 들어 하버드 대학의 생명의학 전문가인 올리버 메드베딕 박사는 가정에서 개인적으로 친환경적 바이오소재를 개발하고 있다.[11] 그는 건축용으로 사용되지 않는 목재 조각이나 톱밥을 소화하는 곰팡이를 만들어 친환경 포장재나 절연재로 사용될 수 있는 스티로폼 같은 물질을 제조하려 한다. 또한 그는 독성 물질인 비소를 검출하는 미생물 프로젝트 제안서를 빌게이츠재단에 제출한 바 있다. 메드베딕은 분명 시민과학자나 아마추어 생물학자라 불릴 수 없는 수준의 전문성을 갖추고 있다. 다만 자신만의 프로젝트를 가정에서 자발적으로 수행한다는 점에서 바이오해커의 영역에 포함될 수 있다.

바이오해커의 수는 2000년대 중반부터 급속히 증가해온 것으로 파악된다. 개인적인 수준이 아닌 집단을 이룬 네트워크 활동이 형성되기 시작한 것이다. 그 첫 움직임은 2004년 미국 MIT에서 개최된 아이젬 대회에서 가시화되었다. 당시 미국 내 몇몇 팀의 참여로 시작된 이 대회는 매년 꾸준히 규모가 확대돼 최근에는 전 세계 200개 이상의 팀이 참여하는 글로벌 행사로 자리하고 있다. 참여자들은 대부분 대학 학부생으로, 전공이 매우 다양하다. 대회의 목표는 생명공학을 활용해 새로운 생명체(주로 미생물)를 만들어내는 데 있다.

2008년 5월에는 스스로 바이오해커를 표방하는 온라인 집단인 DIYbio가 등장했다([그림 1] 참조). DIYbio는 일종의 연합체 조직이다. 매사추세츠 주 케임브리지에 있는 본부를 거점으로 삼아 바이오해커를 표방하는 전 세계 집단과 연계하여 서로 정보와 의견을 교환하는 네트워크를 이루고 있다. 그룹을 결성하기 위한 첫 모임은 MIT 주변의 한 맥줏집에서 열렸는데, 당시 모인 사람은 25명에 불과했다.[*] 하지만 2년 뒤 이 그룹의 메일링리스트에 오른 사람은 2000명 이상으로 확대되었고, 2013년에는 3200명에 이르렀다.[**] 이들이 토의하고 있는 주제는 3700여 건에 달하고, 서로의 지식을 전달하는 메시지 수는 2만5000건을 넘어선다. 홈페이지에 따르면 2013년 12월 현재 DIYbio에 가입한 그룹의 수는 미국 20개, 유럽 16개, 아시아 2개, 오세아니아 2개다.

● DIYbio의 공동 설립자는 하버드 의대에 재직 중이던 제이슨 보브와 매사추세츠 주 케임브리지에서 웹 개발자로 활동하던 매켄지 코웰이다. 당시 보브는 하버드대학에서 출범한 개인유전체프로젝트에 참여하고 있었는데, 이 프로젝트에 대해서는 제2부 제6장에서 다룰 것이다. 또한 코웰은 당시 MIT에서 진행 중이던 아이젬 대회의 주최 측 요원이었는데, 이 대회에 대해서는 제2부 제3장에서 소개할 것이다.

●● 하지만 누구도 메일링리스트에 오른 사람들의 정체를 정확하게 알지 못한다. 그래서 보브는 리스트 인물의 30퍼센트가 스팸 발송자이고, 70퍼센트는 바이오해커의 활동에 대한 법적 규제를 시행하려는 공무원일 것이라고 농담을 하곤 한다.

이후 바이오해커는 온라인 외에도 오프라인으로까지 그 활동의 무대를 넓혔다. 2010년 1월에는 캘리포니아 주에서 자체 회원을 모집해 독자적인 프로젝트를 수행하는 바이오해커 집단 BioCurious가 등장했다. 온라인에서 모임을 시작한 이 조직은 2011년 10월 캘리포니아 주 서니베일에 실험실 공간을 확보했으며, 당시 등록 회원의 수는 1500여 명이었다. 같은 해 12월에는 뉴욕 주 브루클린에서 '열린 공동체 실험실community lab'을 표방한 GenSpace가 문을 열었다. 생물

[그림 1] 바이오해커 집단들의 홈페이지

왼쪽부터 DIYbio.org, BioCurious.org, GenSpace.org. 바이오해커 집단은 온라인과 오프라인 공간 모두에서 활발한 활동을 벌이고 있다.

학자, 공학자, 예술가, 작가 등 다양한 직업의 시민들이 모여 대학과 연구소 바깥에서 유전자를 다루는 생물학 실험을 수행할 수 있도록 PCR, 원심분리기, 인큐베이터, 냉동기, 전자저울, 겔 박스, 진공챔버, 펌프, 건조기 등을 갖추고 있다.*** 2013년 중반에는 워싱턴 주 시애틀에 하이브바이오 커뮤니티 랩HiveBio Community Lab이 설립되었다. 이 랩은 독학으로 바이오센서 분자 모델을 만들던 16세의 소녀가 주도해 자신처럼 과학적 아이디어가 있지만 연구를 할 수 없는 일반인

●●● GenSpace의 공동 설립자는 네 명이다. 대표 엘런 조르겐센, 부대표 댄 그러시킨, 러셀 듀렛 그리고 한국인 임성원이다. 조르겐센은 엔시바이오테크NC Biotech라는 회사의 연구코디네이터로 활동하다가 설립 당시 앨버트아인슈타인 의과대학의 교수로 임용되었고, 그러시킨은 프리랜서 과학언론인, 듀렛과 임성원은 뉴욕대학의 학생이었다.

을 위해 생명공학 실험 공간을 만들었다는 점에서 세간의 관심을 끌었다. 이 외에도 프랑스 파리의 라팔라세La Pailasse, 영국 맨체스터의 매드랩MadLab, Manchester Digital Laboratory 등 다양한 바이오해커 집단이 오프라인에서 속속 모습을 드러내고 있다.

현 단계에서 바이오해커의 수를 정확히 헤아리기는 어렵다. 온라인과 오프라인 조직에 참여하는 회원의 숫자를 파악하는 것이 한 가지 방법이겠지만, 바이오해커 집단이 계속 생겨나고 있는 추세인 데다가 조직에 참여하지 않고 개인적으로 활동하는 사람도 있기 때문에 정확한 숫자를 파악할 수 없다. 다만 현재의 추세라면 몇 년 내에 전 세계에서 바이오해커로 활동하는 사람은 수십만 명 이상으로 늘어날 전망이다.[12]

바이오해커가 실제로 수행하는 실험이 무엇인지에 대해서도 단적으로 표현하기 어렵다. 참여자들은 순전히 자신의 필요와 동기에 따라 연구 계획을 세우고 실험을 진행하기 때문에 전체적인 실험의 추이를 확인할 수 없다. 예를 들어 아이젬 대회에서는 매년 수백 종류의 유전자변형 미생물이 다양한 용도로 만들어지고 있다. DIYbio

와 BioCurious에서는 정기적으로 회원들 간의 새로운 아이디어를 바탕으로 유전자변형 미생물과 실험 장비가 끊임없이 개발되고 있다. GenSpace에서도 인공 세포에서 체스게임용 박테리아까지 그 제작 대상의 범위가 매우 다양하고 가변적이다.*

　　최근에는 미생물 수준을 넘어 인간의 몸을 실험 대상으로 삼는 바이오해커의 접근도 가시화되고 있다. 이른바 DIY-medicine의 등장이다. 한 가지 사례로 MIT에서 생명공학을 전공한 케이 얼이 수행한 유전자 자가진단을 들 수 있다.[13] 그녀는 아버지가 앓았던 난치병인 혈색소침착증hemochromatosis이 자신에게도 발병할 수 있는지 알고 싶었다. 유전자검사가 한 가지 방법이었다. 그녀는 굳이 병원에 가서 진단을 받기보다 자신의 전공지식을 활용

* 2012년 GenSpace에서 진행된 프로젝트의 일부를 소개하면 다음과 같다. 인공 세포 제작 프로젝트는 인공 세포막을 만들어 그 속에 보통의 세포가 가지는 단백질 표현 요소를 조립해 삽입하는 것을 목표로 한다. 체스게임용 박테리아 제작 프로젝트는 체스판 곳곳에 박테리아를 없애는 항균 블록을 만들어 상대방 박테리아를 먼저 없애면 이기는 게임을 개발한다. 지상에서 30킬로미터 떨어진 성층권에 공기채집기가 달린 기상용 풍선을 올려 미생물들을 채집한 뒤 그 염기서열을 분석하는 고등학생용 키트 제작 프로젝트도 진행 중이다. 예술 전공자의 참여도 이루어지고 있다. 예를 들어 버섯을 활용해 야외전시품을 만들던 한 예술가가 버섯을 멸균 조건에서 잘 키우는 방법을 GenSpace에서 배워 자신의 작품을 완성했다고 한다.[14]

해 유전자를 직접 확인하고 싶었고, 인터넷을 통해 PCR을 비롯해 유전자 진단에 필요한 장비를 구입하고 혈액을 채취한 뒤 실험을 수행했다. 그 결과 자신도 아버지처럼 그 질병을 앓을 가능성을 확인했다. 물론 얼은 자신의 몸을 대상으로 유전정보를 확인했을 뿐 신체를 변형시키는 데까지는 나아가지 않았다. 따라서 바이오해커의 범주에 속하지는 않는다. 그러나 최근 서구 사회의 추세를 볼 때, 질병의 퇴치를 위해 스스로 약물 투입을 시도함으로써 자신의 신체를 변화시키려는 집단적 활동이 활발히 이어질 것으로 보인다. 이 글에서는 이 같은 활동을 수행하는 사람 역시 바이오해커의 범주에 포함시킨다. 미생물을 다루는 바이오해커처럼 유전자를 변형시키는 수준은 아니지만, 자신의 생체정보를 스스로 알아내고 그 상황에 맞춰 자신의 몸에 일정

한 변형을 가한다는 점에서 바이오해커의 한 부류라고 볼 수 있다. 최근까지 가시화되고 있는 바이오해커 집단의 개략적인 프로젝트 현황은 [표 1]과 같다.

〔표 1〕 바이오해커 집단의 대표적인 프로젝트 현황

범주	프로젝트 이름	목표	웹사이트
유전공학 · 생체물질	Synthetic Biology crash courses	녹색형광단백질GFP 또는 색소합성 효소를 이용해 컬러 박테리아 생성	http://www.indiebiotech.com/?p=152
	The Glowing plant project	식물에 루시페라아제 유전자를 삽입해 발광식물 생성	http://www.kickstarter.com/projects/antonyevans/glowing-plants-naturallighting-with-no-electricit/posts
	The biological blue ink	푸른 색소 형성 박테리아를 이용해 무독의 생분해성 잉크 개발	http://www.lapaillasse.org
	Genomikon DNA assembly	고체 지지대에서 간편한 염기서열 접합	http://2010.igem.org/Team:Alberta
	Hacking Yogurt intobiosensor	유산균 발효 기능을 활용한 바이오센서 제작	http://www.indiebiotech.com/?p=152
	Biosynthesis of insuline and thyroxine	박테리아 내에 인슐린과 티록신 생성 공장 제작	http://www.indiebiotech.com/?p=135
	First public biobrick	박테리아의 냉동-해동 순환 기능을 강화하기 위한 항냉 단백질 생산	http://2012.igem.org/Team:University_College_London/HumanPractice/DIYbio
	Nitrogenase directed evolution	암모늄 합성을 위한 질소 고정 생체 과정 개발	http://wiki.biohackers.la/Nitrogenase_Directed_Evolution
모니터링 · 염기서열 분석 · 유전체학	Quick and dirty DNA barcoding	신속하고 저렴한 DNA 바코딩	http://www.lapaillasse.org/news/1063/la-versionquick-and-dirty-du-dna-barcoding/
	Bioweather map	미생물 병원체의 지리적, 시간적 분포 패턴 조사	http://bioweathermap.org/
	Barcoding Alaska	알래스카 식물 종 바코딩	http://genspace.org/project/Barcoding%20Alaska

모니터링·염기서열분석·유전체학	Barcoding of fishes – "Sushigate"	식당에서 잘못 표시된 물고기 종의 식별	http://phe.rockefeller.edu/barcode/sushigate.html
	Genelaser	인간게놈의 염기서열을 분석할 때 필요한 특정 유전자 추출을 위한 키트 제작	http://cofactorbio.com/genelaser
	Buccal Bioweather map	구강 미생물의 식별과 서술	http://groups.google.com/group/diybio/browse_thread/thread/62ff122b0e0272bd/c845f7cbbfcc4bbe?lnk=gst&q=health#c845f7cbbfcc4bbe
	Animal feces barcoding	특정 개의 배설물 소유자 바코딩	https://www.globalscreen.de/programmes/show/117066
	Hack your genome	개인 유전체의 자료 분석을 위한 도구 개발	http://sciencehackday.pbworks.com/w/page/47743279/sfhacks2011#hack_22
	OpenSNP	개인 유전체와 표현형 자료의 개방 및 공유	http://opensnp.org/
	Personal genome project	개인 유전체와 표현형 자료의 개방 및 공유	http://www.personalgenomes.org/
	Patients like me	개인 의료 자료의 개방 및 공유	http://www.patientslikeme.com/

바이오해커가 수행하는 프로젝트의 내용은 생물다양성 자료 조사에서 개인 유전정보 확보까지 다양하다. 이 정보는 인터넷에 공개된 프로젝트를 취합한 것이므로, 실제로는 더 많은 프로젝트가 진행되고 있을 것으로 추측된다.

(출처: Landrain, T. et al., 2013: 119)

바이오해커 집단은 어떤 문제의식을 갖추고 등장했을까. 온라인과 오프라인 공간에서 활동 중인 바이오해커 집단들은 공통적으로 기존의 제도권 생명공학에 대해 강한 비판의식을 표방하고 있다. 생명공학이 인류에게 수많은 혜택을 줄 수 있는 잠재력을 지녔지만, 정부와 기업 그리고 대학 등 제도권 내 소수의 한정된 전문가들이 이를 독점하고 있고 지나치게 대규모화된 프로젝트에 매몰되고 있어 정작 그 혜택이 일반인에게 제대로 확산되고 있지 않다는 것이다. 이 한계점을 극복하기 위해서는 좀더 많은 사람이 스스로 생명공학에 접근하는 일, 즉 '생명공학의 민주주의적 사용'이 필요하다는 것이 바이오해커 집단의 주장이다. 이 주장을 뒷받침하는 핵심 개념은 오픈소스를 바탕으로 한 정보의 자유로운 공유와 전파다. 일반적으로 오픈소스는 소프트웨어와 하드웨어 분야에서 개방된 소스라는 의미로 사용되는 용어다. 오픈소스 소프트웨어는 주로 IT 분야에서 컴퓨터의 소프트웨어를 구성하는 소스코드가 공개되어 있다는 뜻이고, 오픈소스 하드웨어는 물질 형태의 각종 과학기술 기기의 설계와 디자인이 공개되어 있다는 뜻이다.

제도권 연구에 대한 바이오해커 집단의 비판적 문제의식은 2010년 1월 29일 캘리포니아주립대학 로스앤젤레스캠퍼스의 한 행사장에서 공표된 바이오펑크 선언A Biopunk Manifesto에 요약되어 있다.•

● 이 선언문은 앞서 (사례 1)에서 소개된 패터슨이 캘리포니아주립대학 로스앤젤레스캠퍼스 내 사회와 유전학 센터Center for Society and Genetics 주최로 열린 심포지엄에서 '불법이 된 생물학? 거대 생물학 시대의 공공 참여Outlaw Biology? Public Participation in the Age of Big Bio'라는 주제로 발표한 내용의 일부다. 1990년대 초반 캘리포니아주립대학 버클리캠퍼스의 수학자였던 에릭 휴즈가 만든 '사이버펑크 선언A Cyberpunk Manifesto'을 바탕으로 작성되었다.

●● 많은 바이오해커가 대학에서의 연구 목표와 실험 과정, 진로가 관성화된 데 대해 반감을 표하고 있다. 예를 들어 BioCurious의 공동 설립자 에리 젠트리는 자신이 만난 생물학 전공 학생들이 박사학위 논문 주제가 너무 협소한 탓에 좀더 열정적으로 참여할 수 있는 별도의 프로젝트를 원하고 있다고 밝힌 바 있다. 현재의 생물학 실험실 여건은 학생들의 창의성을 기르지 못하고 있다는 비판이었다.15

첫째, 과학적으로 읽고 쓰는 능력은 현대사회에서 필수이며, 정규 과학교육을 받지 않더라도 누구나 건강과 환경의 질적 향상을 위한 과학 활동을 수행할 수 있다.
둘째, 과학이 '빅 사이언스big science'의 형태로 막대한 비용이 투여되는 대학, 정부, 기업 연구실에서만 행해지는 것에 반대한다.●● 이보다는 시민이 자신의 방식으로 질문을 던지고 연구하며 이해를 추구할 수 있는 '스몰 사이언스small science'가 필요하다.●●●
셋째, 시민이 자유롭게 접근 가능한 저가의 실험 장비와 규격화된 프로

제1부 바이오해커의 출현

토콜을 개발하고자 한다.

바이오해커 집단의 이 같은 문제의식은 IT 분야 초창기 해커의 오픈소스 정신을 계승하고 있다. 1970년대 인텔의 첫 마이크로프로세서가 등장했을 때, 이 장치에 대한 정보를 교환하던 모임인 홈브루 컴퓨터클럽Homebrew Computer Club이 그 모태다. 이 클럽은 전자공학 분야의 마니아들이 부품, 회로, 컴퓨터 장치를 스스로 조립하고 제작하는 데 필요한 정보를 자유롭게 교환하는 것을 목적으로 조직되었다.[16] 다섯 명으로 시작해, 첫 공식 모임에 30여 명이 참가했으며, 1년 뒤 회원이 600여 명으로 늘어났다. 스티브 잡스와 스티브 워즈니악은 애플의 설립 아이디어를 여기서 얻었으며, 마이크로소프트의 빌 게이츠는 불법 복제에 반대하며 이 회원들과 설전을 벌이기도 했다. 당시 활약한 해커들의 오픈소스 정신은 이후 소프트웨어와 하드웨어 분야에 큰 영향을 미쳤으며, 생명공학 분야에서도 바이오해커 집단의 핵심 모토로 자리잡았다.

인간 외 생명체의 변형을 시도하는 서구 사회 바이오해커 집단의 경우, 오픈소스 정신에 반하는 제도권 생명공학계의 가장 큰 문제점은 특허제도다.◆ 유전자를 변형한 생명체와 그 실험 방법에 특허가 포괄적으로 적용되는 일은 미국을 중심으로 본격화되었다.[17] 1980년 미국 대법원은 유전자변형 미생물에 특허를 처음 인정했다. 이른바 다이아몬드 대 차크라바티 판결(Diamond v. Chakrabarty, 447 U.S. 303, 1980)에서 발생한 일이었다. 기존 미국의 특허청은 인공물에 한해 특허를 인정했지만 자연물은 특허 취득의 대상이 아니라는 입장이었다.

●●● 비슷한 맥락에서 GenSpace의 임성원은 국내의 한 온라인 언론과의 인터뷰에서 "그 정밀 부품/도구들이 어디서 어떻게 비싼 값에 대량생산, 배달되는지 생각해보면 지나치게 순진한 비전이 아닌가 하는 생각도 듭니다. 오히려 값비싼 도구를 가지고 흥미 있는 일들을 하는 사람들의 집단이 아닌 모든 사람을 위한 제대로 된 과학의 사고체계를 만들어야 되는 것이 아닐까요? 로켓이나 합성 단백질을 만들어 파는 것과는 달리 그것들이 자신의 힘으로도 가능하다 생각하고, 그 미래를 향해 치열하게 고민하고 계획할 수 있는 능력 그리고 그 능력을 뒷받침할 수 있는 논리와 과학적 엄격성 scientific rigor은 경제 원리의 지배를 받지 않습니다"라고 말했다.[18]

▲ 저개발국에서도 생명공학 특허에 대한 반발로 바이오해커 운동이 시작되고 있다는 연구가 있다. 남미 안데스산맥을 따라 위치한 페루, 콜롬비아, 칠레, 에콰도르, 볼리비아 등이 설립한 안데스 공동 시장ACN, Andean Community of Nations에서 발생하고 있는 바이오해커 운동이 한 예다. ACN 국가들은 생물다양성이 매우 풍부한 지역이어서, 1980년대부터 이곳의 유전자 및 그 연구 성과물을 대상으로 생물자원의 상업적 활용을 위한 특허 등록이 활발하게 이루어져왔다. 대표 사례가 안데스산맥에서 자라는 근채 작물의 일종인 마카maca, Lepidium meyenii다. 마카는 성기능, 면역력 등을 강화시키는 성분으로 유명세를 떨쳤는데, 1980년대에 재배하는 농부의 수가 줄어들면서 멸종 위기에 처하자 2000년대 초 미국 회사들이 마카의 성기능 강화 성분과 추출법에 관해 특허를 등록하기 시작했다. 이에 대응하기 위해 페루 정부와 고유민족 생물다양성 네트워크Indigenous Peoples Biodiversity Network를 비롯한 비정부기구들이 연계해 미국 특허의 취소를 위한 노력을 기울였고, 몇몇 특허를 철회시키는 데 성공했다. 이들 특허가 이미 ACN 국가의 토착인들이 전통적으로 사용해온 성분과 추출 방법에 대한 소유권을 침해하는 것이었기 때문이다. 비정부기구들은 다른 한편으로 바이오해커 정신에 따라 정보를 개방하고 공유하면서 스스로 새로운 품종을 개량하는 성과를 내기도 했다.[20]

하지만 당시 제너럴일렉트릭 사에 근무하던 차크라바티가 자신이 만든 유전자변형 박테리아는 자연에 존재하지 않는 인공물이며, 이 박테리아는 원유를 분해하는 능력이 있어 기름 유출 사건에서 유용할 것이라고 주장했다. 대법원이 이 주장을 받아들임으로써 생명체에 대한 독점적 소유가 인정되기 시작한 것이다. 이후 1981년 캘리포니아주립대학 연구진이 한 환자의 비장에서 추출한 세포라인에 특허가 인정되었다. 이 세포라인이 의학 연구자들의 노력을 통해 특별히 분화된 것이며 향후 암 연구에 기여를 할 것이라는 이유에서였다. 1988년에는 하버드대학 연구진이 암을 발생시킨 유전자변형 생쥐에 특허가 인정됨에 따라 고등생물로는 첫 번째 특허가 이루어졌다. 실험 방법에 대한 특허도 이어졌다. 1980년 유전자재조합기술, 1985년 PCR 기술, DNA칩 기술 등에 대한 특허가 등록되었다. 문제는 생명공학 회사들이 특허로 인한 이익만 취하려 하고 정작 연구개발에 몰두하지 않는 경향이 생겼고, 다른 회사들은 고비용의 로열티로 인해 기술에 대한 접근이 어려워져 연구를 포기하는 경향이 강해졌다는 점이었다. 당초 생명공학 연구를 보호하고 발전시키려는 취지로 허용된 특허가 오히려 연구 침체를 확산시키는 계기로 작용한 것이다.[19] 바이오해커 집단은 이 같은 문제점을 강하게 비판하면서 유전자를 변형하는 방법 그리고 그 결과로 만들어진 새로운 생명체의 정보에 대한 접근과 사용이 인류 발전을 위해 무상으로 허용되어야 한다고 주장한다.

인체를 대상으로 한 바이오해커 집단의 등장 배경에도 특허 등록에 대한 강한 반발이 작용하고 있다. 2000년대 초반 인간게놈프로젝트가 완료된 뒤 인간 유전자의 5분의 1에 달하는 수천 개의 유전자에 대해 특허가 등록되어왔다.[21] 그 범위는 특정 질병에 대한 유전자 염기서열 정보나 물질, 진단 방법에 대해 폭넓게 적용되고 있는데, 특허로 인한 비싼 로열티 때문에 질병의 진단과 치료 분야에서 발전이 더딘 실정이다.

사실 인간 유전자에 대한 특허 등록 문제는 오랫동안 사회적 논란의 대상이었다. 2013년 5월 세계적인 배우 안젤리나 졸리가 유방절제 수술을 받은 일은 바이오해커 집단의 큰 주목을 끌었을 뿐 아니라 특허에 대한 그간의 이슈를 사회적으로 크게 환기시켰다. 졸리는 유전자 검사 결과 자신의 유전자 가운데 브라카BRCA라는 유전자에 돌연변이가 있다는 사실을 알게 되자 수술을 결심했다. 브라카 유전자에 돌연변이가 있으면 80세에 유방암에 걸릴 확률이 87퍼센트, 난소암에 걸릴 확률이 50퍼센트에 달한다고 알려져 있었다. 졸리는 유방암으로 어머니를, 난소암으로 이모를 잃은 가족력이 있다. 그런데 수술 뒤 졸리는 『뉴욕타임스』에 쓴 기고문에서 "유전자검사 비용이 너무 비싸 많은 여성의 건강을 지키는 데 걸림돌이 되고 있다"고 지적했다. 미리아드Myriad Genetics, Inc.라는 회사가 브라카 유전자에 대한 특허를 독점하고 있어 검사 비용이 3000달러 이상에 달했던 것이다.

미국에서 인간 유전자 특허에 대한 찬반은 계속 있었지만, 미국 특허청은 점점 특허 등록 허용의 폭을 넓혀왔다.* 그러다 2013년 6월 13일 미국 대법원은 브라카 유전자 자체에 대한 생명공학 회

* 예를 들어 1982년 인간의 인슐린 합성 유전자의 특허가 허용되었는데, 이 유전자가 자연에 존재하는 형태가 아니라 인공적으로 합성되었다는 점이 인정되었기 때문이다. 2001년에는 인간 유전자의 단편들도 특허 대상이 되었다.[23]

사의 특허를 인정할 수 없다는 판결을 내렸다.[22] 2009년 미국시민권자유연맹American Civil Liberties Union과 공공특허재단Public Patent Foundation이 20여 명의 환자와 과학 및 의학 단체들을 대표해 특허무효소송을 시작한 지 4년 만에 얻은 성과였다. 판결 당시 대법관은 "유전자는 자연의 산물로 인체에서 분리했다는 이유만으로 특허 대상이 될 수 없다"며 원론적인 특허의 개념을 확인시켜주었다.

하지만 인간 유전자에 대한 특허 취득의 분위기는 계속 이어질 전망이다. 2013년 미국 샌디에이고에 설립된 인간장수주식회사HLI, Human Longevity Inc.가 2014년 3월 초 세계 언론에 본격적으로 출범을 알렸다. 인간의 유전정보는 물론 몸에 사는 미생물의 유전정보, 세포의 대사물질 정보 그리고 줄기세포 기술을 모두 활용한다는 계획이다. 사실 일반인에게 익숙한 용어들이어서 새롭게 들리지 않을 수 있다. 하지만 회사가 사상 최대 규모를 갖추고 있고, 설립자가 생명공학계의 세계적인 스타라는 점에서 흥미로웠다. 그리고 인간의 유전정보에 대한 소유권이 기업에 주어지는 것이 과연 타당한지를 둘러싸고 논란이 일었다.

HLI의 설립자 가운데 한 명이 크레이그 벤터**다. 벤터는 2000년대 초반 인간게놈프로젝트를 독자적으로 완수해 세계적인 화제를 모은 인물이다. 원래 인간게놈프로젝트는 미국 국립보건원이 이끄는 국제연구팀이 1990년

** 벤터는 미생물의 유전체 전체를 실험실에서 합성한 뒤 이를 다른 미생물에 삽입하는 실험에 성공한 연구 결과를 2010년 5월 21일자 『사이언스』에 발표했다. 다소 논란의 여지가 있지만, 대체로 벤터가 만든 미생물은 최초의 인공생명체라는 평가를 받고 있다. 벤터는 미코플라스마 마이코이데스라는 미생물의 108만여 개 염기를 실험실에서 합성, 이를 미코플라스마 캐프리콜럼이라는 미생물에 이식한 뒤 단백질 생산은 물론 생식(분열)도 이루어지는 합성 미생물을 만드는 데 성공했다. 벤터 연구팀은 인공유전체를 이식한 새로운 종을 실험실에서 탄생했다는 의미에서 미코플라스마 라보라토리엄laboratorium이라고 명명했으며, 대중에게는 신시아Synthia 또는 벤터의 이름을 따 'JCVI-syn1.0'이라는 별칭으로 알려졌다. 벤터는 2001년 2월 인간게놈프로젝트의 결과를 국제공동연구팀과 동시에 발표해 화제를 모은 바 있다. 국제공동연구팀이 10년간 연구를 진행한 데 비해 벤터는 불과 3년 만에 비슷한 수준의 연구 결과를 발표한 것이다.[24]

제1부 바이오해커의 출현

부터 추진한 사업으로, 10여 년에 걸쳐 30억 달러가 투여되었다. 그런데 벤터는 1998년 셀레라 지노믹스라는 회사를 설립하고 독자적인 기술을 개발, 국제연구팀과 같은 시기에 대등한 수준의 결과물을 내놓았다.

벤터는 HLI의 연구 성과를 활용해 인간이 100세까지 건강하게 살 수 있을 것으로 기대했다. 그는 당시 투자자들로부터 초기 자금 7000만 달러를 확보한 상황이었다. 한 생명공학 회사(일루미나)에서 최신 장비 두 대를 구입해 당장은 1년에 4만 명의 유전정보를 해독하겠다고 밝혔다. 향후 그 수를 10만 명으로 확대할 계획이었다.

당시 HLI가 제시한 주요 목표 가운데 하나는 암 정복이었다. 건강한 사람과 암환자의 유전정보를 비교해 암의 발생 원인을 규명하고 신속한 진단기법을 개발하려는 것이다. 벤터의 화려한 이력에 비추어보면 HLI의 목표는 기술적으로 달성될 수 있을 것으로 보인다. 다만 연구에 필요한 자금을 충분히 확보할 수 있는지에 대해서는 의문이 제기되고 있다. 장비 두 대의 가격이 2000만 달러가량이고, 4만 명의 유전정보를 해독하려면 4000만 달러가 필요하다. 1년만 지나도 보유한 자금이 바닥날 것이다.

HLI의 주요 자금 확보 전략은 유전정보 판매다. 제약회사에게 질병 유전정보를 제공하고 그 대가로 신약이나 새로운 진단법이 개발될 때 막대한 로열티를 받는 것이다. 당연히 HLI는 주요 유전정보에 대해 특허를 등록할 것이다.

사실 벤터는 인간게놈프로젝트를 진행하는 과정에서도 수많은 유전정보에 대해 특허를 등록해 국제연구팀으로부터 비난을 받았다. 인간의 유전정보를 누군가가 소유해서는 안 된다는 이유에서였다. 인간게놈프로젝트가 완료되던 시점에 국제연구팀은 모든 정보를 홈페이지에 공개했다. 하지만 벤터는 주요 정보를 제약회사나 대학에 판매하는 전략을 세웠다. 결과는 좋지 않았다. 국제연구팀이 정보를 공개한 상황에서 벤터를 찾는 수요자가 많지 않았던 것이다.

그러나 이번에는 상황이 다르다. 암을 예로 들어보자. 미국 국립보건원은 2005년부터 암게놈프로젝트를 진행해왔다. 3억7500만 달러를 투입해 1만여 개의 암세포 샘플에서 유전정보를 분석했고, 암을 일으키는 주요 유전자가 대거 밝혀졌다. 하지만 최근 보고에 따르면 제대로 된 연구를 위해서는 지금보다 10배 많은 샘플이 필요하다고 한다. 미국 국립보건원이 향후 더욱 많은 연구비를 투여하지 않는다면 그리고 벤터가 획기적인 기술을 개발한다면 암 유전자에 대한 지식재산권은 상당부분 HLI에 귀속될 것이다.

HLI의 설립자 한 명은, 인간이 80세까지 살 수 있는지 여부는 생활습관에 달려 있지만, 100세 이상까지 건강하게 살 수 있는 능력은 유전학자에 의해 확보될 것이라고 장담했다. 그런 기대감을 갖는 건 좋지만, 그 비용을 누가 얼마나 감당해야 할지가 우려되는 대목이다.

한편 인체를 다루는 바이오해커 집단은 단지 기업의 특허 취득에 대한 반발에 멈추지 않고 기존 제도권 연구자의 정보 독점에 대해서도 문제를 제기하고 있다. 예를 들어 샤론 테리가 연구자들에게 외친 "그건 내 자료야That's My Data"라는 말은 종종 바이오해커 집단에서 즐겨 인용되는 표현이다. 테리는 자녀가 시력 상실을 일으키는 희소 유전병 PXE을 앓고 있어 질병 치료를 위해 연구자들에게 자녀의 혈액을 제공한 적이 있다. 그녀 자신이 PXE 관련 전문연구자이기도 했다. 그런데 유전정보에 대한 검사 결과가 나왔지만 연구자들은 그 자료를 그녀에게 보여주지 않았다. "그건 내 자료야"는 이때 그녀가 연구자들의 폐쇄적인 태도를 비판하며 외친 말이었다. 이 일을 계기로 그녀는 워싱턴 D. C.에 위치한 비정부기구인 유전동맹Genetic Alliance의 대표로 활동하기 시작했다. 이 단체의 주요 업무는 환자들 자신의 건강자료를 모아 분석하고 공유하는 일이다.[25]

바이오해커 집단들은 공통적으로 생명공학의 민주주의적 사용을 표방하고 있지만 그 용도에 대해서는 제각각의 판단에 맡기는 분위기다. 즉 그들은 순수한 지적 호기심의 충족, 자신의 건강 진단, 공익*을 목적으로 활동하는 일은 물론 영리 추구 역시 활발히 표방하고 있다. 이런 면에서 바이오해커 집단은 생명공학의 사용과 용도 모두에서 자유로움을 추구한다고 볼 수 있다. 예를 들어 BioCurious가 설립된 서니베일은 IT 벤처의 세계적 산실인 실리콘밸리를 구성하는 주요 도시의 하나인데, 참여자들은 종종 이곳에서 IT 벤처에 버금가는 바이오벤처의 창업을 꿈꾸고 있다. 실제로 BioCurious는 홈페이지에서 "정보 공유를 촉진하고 창의적 노력을 증폭시킴으로써 부족한 여건 속에서 생명공학을 시작하는 일이 상업적 이득을 얻을 수 있다는 점을 투자자들의 생태계에 알리는 것이 시급하다"며 그 시스템을 구축하는 데 일조하겠다고 밝히고 있다. 또한 GenSpace의 경우, 사무국장인 러셀 더렛은 뉴욕대학에서 생화학과 인류학을 전공한 전문가로서 GenSpace 설립 당시 DNA 염기서열 분석과 관련된 직업을 갖고 있었으며 장차 그곳에서 얻은 새로운 아이디어로 회사를 설립할 계획이라고 밝힌 바 있다. 이미 창업한 바이오해커의 사례도 속속 등장하고 있다. 예를 들어 2005년 『와이어드Wired』에 '차고 생물학'이란 말을 소개한 로버트 카슨은 2007년부터 워싱턴대학의 정규 연구원직을 접고 차고 실험실

* 예를 들어 GenSpace의 임성원은 공익 목적의 활동과 관련하여 "개인적으로 GenSpace가 전문 과학자들과 뉴욕의 저소득층 학생들이 자연스럽게 접촉할 수 있는 환경이 될 수 있도록 노력하고 있습니다. 뉴욕 다운타운의 아이들 또는 관심 있는 사람이면 누구나 자신의 의지와 노력으로 유전자가 합성된 식물을 만들어낼 수 있는 이해와 체계가 잡힌다면 그 사람들의 세계는 어떤 모습이 될까 하는 생각을 오래전부터 해왔고 GenSpace를 통해 그것을 현실로 만들 수 있겠지요"라고 말했다.[26]

•• 카슨은 우연한 만남을 계기로 바이오해커의 길을 걷기 시작했다. 1996년 프린스턴대학 물리학 박사과정생이던 카슨은 연구 자료를 찾기 위해 기차를 타고 뉴욕으로 가던 중 옆자리의 한 노신사와 대화를 나누었다. 카슨은 자신이 혈액세포에 영향을 미치는 물리적 힘에 대해 연구 중이라고 소개했고, 노신사는 카슨에게 자신과 함께 일하자고 제안했다. 노신사는 캘리포니아 주 버클리에서 브레너 분자과학 연구소Brenner's Molecular Sciences Institute를 이끌고 있던 생명공학자 시드니 브레너 박사였다. 카슨은 그로부터 1년 이내에 이 연구소에 합류했는데, 연구소는 생물학자, 물리학자, 공학자 등이 어우러져 자유롭게 창의적인 아이디어를 공유하는 분위기였다. 카슨은 이 자유로운 분위기에 영향을 받아 2005년부터 집에 직접 실험실을 차리고 바이오해커의 꿈을 키워나갔다.[28]

••• '올챙이'는 머리 부위가 단백질, 꼬리 부분이 DNA로 구성된 모습 때문에 붙은 이름이다. 기존에는 특정 단백질의 양을 파악하기 위해 형광 태그가 부착된 항체를 이용했기 때문에 단백질 양을 대략적으로만 파악할 수 있었다. 이에 반해 올챙이 기법에서는 단백질 하나하나가 특정 단백질과 반응하기 때문에 훨씬 섬세한 측정이 가능하다. 그러나 올챙이 기법은 그 잠재력에도 불구하고 막대한 개발 비용 때문에 상용화가 더딘 상황이었다.

활동에 매달리다 2009년에는 차고를 나와 공학자 릭 웨브링과 바이오데직Biodesic이라는 컨설팅 회사를 차렸다.•• 카슨은 차고에서 이루어지는 바이오해커의 활동이 시장에서 다양한 상품으로 출시되는 일이 계속 확산될 것으로 내다봤다.[27] 실제로 자신이 집안 차고에서 수행하던 실험 주제는 생명공학 시장에서 막대한 경제적 수익을 보장할 수 있는 것이었다. 당시 그는 하나의 세포에서 소량의 단백질을 정확히 측정하기 위해 사용되는 올챙이tadpole 기법•••을 이전보다 단순하게 구현하는 일에 매달리고 있었다. 카슨은 바이오데직에서 생명공학의 안전성 문제로부터 뇌파에 기반한 게임 조종기 디자인에 이르기까지 다양한 분야에 대한 컨설팅을 수행하고 있다.

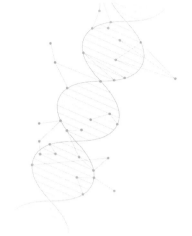

02

바이오해커 집단의
기술혁신 요소

 2000년대 중반부터 바이오해커가 집단을 이루며 모습을 드러내면서 세계 언론매체는 이들의 활동에 주목하기 시작했다. 수많은 바이오해커의 정체를 정확히 파악하기가 어렵고 실험 내용이 다양했던 만큼 언론매체의 소개는 주로 접촉 가능한 개인의 활동 사례에 맞춰 이루어졌다. 다만 바이오해커 집단이 사회에서 뚜렷하게 형성되고 있고, 점차 그 세력이 확산되고 있다는 점은 늘 지적되어왔다.

 인간 외 생명체를 다루는 바이오해커 집단에 대한 평가의 한 가지 흐름은, 이들을 취미활동을 수행하는 아마추어 과학자로 파악하며 그 활동이 궁극적으로 과학기술계와 사회에 어느 정도 도움을 줄 것이라는 소박한 낙관론에서 기인한다. 예를 들어 2010년 10월 6일자 『네이처』 온라인판은 사설을 통해 바이오해커에 대한 우호적인 견해를 드러냈다. 사설에 따르면 바이오해커는 현재 세계 과학기술계에서 성장 중인 시민과학의 한 사례이며, 시민과학은 궁극적으로 과학에 대한 일반인의 지지를 얻는 데 도움을 주는 한편 기존의 전문화된 영역에 신선한 아이디어도 제공할 것으로 기대된다는 것이다. 따라서 제도권 전문가들은 가정에서 실험활동을 수행하는 이들 아마추어 과학자를 환영해야 한다는 견해였다.

하지만 다른 한편에서는 바이오해커 집단의 활동이 과학기술계와 사회에 일대 혁신을 불러일으킬 만한 잠재력을 지닌 것으로 지적되어 왔다. 바이오해커의 활동은 종종 IT 분야 해커의 성공 신화에 비유되어 소개되곤 한다. 예를 들어 1970년대 해커의 정신을 좇는 바이오해커 집단의 활동은 결국 '생명공학계의 애플'이나 '생명공학계의 마이크로소프트'로 성장할 것이라는 전망이 제시되었다.[29] 하지만 생명공학과 IT는 연구 규모 측면에서 근본적으로 차이가 나기 때문에 바이오해커 집단은 결국 아마추어 수준에서 머물 것이라는 반대 견해도 존재한다.[30] 즉 생명공학 산업은 예전이나 지금이나 풍부한 재원과 연구 인력, 대규모 실험 장비를 바탕으로 진행되고 있기 때문에 바이오해커 집단의 활동은 기껏해야 동호회 수준을 넘지 못할 것이라는 지적이다.

이에 비해 인체를 다루는 바이오해커 집단에 대한 평가는 별달리 이루어지지 않고 있다. 개인의 유전정보를 직접 알아내는 행위에 대한 찬반 논란은 최근 활발히 진행되고 있지만, 그 유전정보를 비롯한 건강정보를 바탕으로 자신의 신체에 변화를 가하는 행위가 의료계와 사회에 어떤 영향력을 발휘할지에 대한 논의는 눈에 띄지 않는다. 신체를 변화시키는 바이오해커의 사례가 아직까지 일부만 드러나고 있기 때문인 듯하다.

여기에서는 바이오해커 집단의 활동이 지닌 기술혁신의 잠재력에 대해 검토하고자 한다. 지난 몇 년 사이 이들의 활동 추이를 살펴보면 단순히 아마추어 시민과학자의 활동으로 끝났다고 볼 수 없는 현상들이 나타나고 있다. 특히 인간 외 생명체를 다루는 바이오해커 집단의 경우, 제도권 연구자들과는 다른 목표를 찾아 새로운 기술을 개발하고 틈새시장을 공략하는 방식으로 활동을 벌이고 있다는 점에 주목할 필요가 있다.

일반적으로 기술혁신은 '해당 과학기술 분야에서 새로운 방법론이나 연구 성과물의 도출 그리고 이를 바탕으로 상업화에 성공함으로써 경제구조에 일정한 영향력을 미치는 현상'으로 폭넓게 정의할 수 있다. 기술혁신을 이루기 위해서는 기본적으로 장비, 정보, 지적 능력, 자금 등의 요소가 필요하다. 여기서는 바이오해커 집단이 보편적으로 이들 기본 요소를 확보할 수 있도록 만들어준 기존의 과학기술적 사회적 기반을 소개한다.

첫째, 스스로 생명공학 실험을 수행할 수 있는 장비의 확보. 바이오해커 집단은 기존 생명공학 실험 장치의 중고품을 저렴하게 구입하거나 주변의 일반 가전제품에서 필요한 부품을 개량하는 방식으로 실험에 필요한 장비를 구비한다. 최근에는 부품의 명세와 제작 매뉴얼이 공개된 오픈소스 하드웨어를 활용해 실험 장비 수준을 업그레이드하는 추세가 활발하게 이어지고 있다. 이 같은 과정들을 거쳐 개발한 새로운 실험 장비와 개발하는 과정에서 얻은 노하우는 다른 바이오해커들에게 무상으로 또는 저렴하게 전파된다. [표 2]에서 확인할 수 있듯이 바이오해커 집단이 구비할 수 있는 실험 장비는 생명체의 유전정보를 판독하는 일은 물론 이를 변형해 새로운 생명체를 만드는 제도권 생명공학계의 실험 장비와 유사하다.

〔표 2〕 전문가와 바이오해커 집단의 실험 장비 가격 비교

실험 단계	필요한 장비와 가격(달러)	바이오해커의 장비와 가격(달러)	가격 비율	해당 웹사이트
세포 배양	인큐베이터 (130)	전기담요가 장착된 스티로폼 절연 박스, 컴퓨터 팬, 자동온도조절기 (재활용, 10)	1/13	http://hackteria.org/wiki/index.php/DIY_Incubator
	생물반응기 (3000)	형광 튜브를 포함한 플라스틱병과 연결된 어항용 공기펌프 (재활용, 100)	1/30	http://hackteria.org/wiki/index.php/Algae_Culture_at_Home
현미경	카메라 장착 400배 광학현미경(130)	400배 웹캠 광학현미경(10)	1/13	http://hackteria.org/wiki/index.php/DIY_microscopy
원심분리기	벤치톱 원심 분리기(2000)	드레멜퓨지(100)	1/20	http://www.thingiverse.com/thing:1483
수조	수조(400)	집에서 만든 수조 (어항 히터와 양동이 포함, 40)	1/10	http://hackteria.org/wiki/index.php/DIY_Water_Bath
자석 교반기 magnetic stirrer	자석교반기(70)	DIY 자석교반기 (10)	1/7	http://hackteria.org/wiki/index.php/Magnetic_stirrer
분광 광도계 spectrophotometer	분광 광도계(150)	DIY 분광 광도계 (10)	1/15	http://publiclaboratory.org/tool/spectrometer
살균 작업	오토클레이브 (1000)	압력 밥솥(70)	1/14	http://cathalgarvey.posterous.com/an-analysis-of-what-diybio-hasand-what-it-ne
	글러브 박스 (1만)	DIY 글러브 박스 (500)	1/20	http://www.p2pfood.net/wiki/index.php/DIY_Glove_Box
	살균 후드 (2000)	주문제작 살균 후드(200)	1/10	http://hackteria.org/wiki/index.php/DIY_Sterlisation_Hood
전기영동	젤 박스(400)	집에서 만든 플라스틱 젤 박스 (25)	1/16	http://citizenscience quarterly.com/?p=3084&preview=true
	자외선 조사기(1000)	DIY 자외선 조사기(100)	1/10	http://www.instructables.com/id/UV-Transilluminator/
	블루 라이트 자외선 조사기(1000)	블루 노트 프로젝트(30)	1/33	http://www.lapaillasse.org/news/1078/le-bluenote-project-prototype-2/
	전원 공급 장치(1000)	DIY 전원공급 장치(40)	1/25	http://wiki.biohackers.la/index.php?title=Electrophoresis_Power_Supply&redirect=no

제1부 바이오해커의 출현

중합효소 연쇄반응 PCR	유전자증폭기 (2500)	Open PCR(599)	1/4	http://openpcr.org/
		Lava AMP (300~500)	1/5	http://www.lava-amp.com/
		Thermotyp (400)	1/6	http://speakscience.org/
		Personal PCR (199)	1/12	http://cofactorbio.com/personalpcr
		Bulb PCR (25)	1/100	http://russelldurrett.com/lightbulbpcr.html
형질전환	유전자 총 (1만7000)	DIY 유전자 총 (200)	1/85	http://arkiv.radio24syv.dk/video/6997330/3-planet-fra-solen-uge-36-2012
염기서열 읽기	염기서열 (5/염기 1개)	동일	1	http://www.gatc-biotech.com/en/index.html
유전자정량증폭 진단법	qPCR (1만)	Amplino(200)	1/50	http://www.amplino.org
바이오 프린팅	상업화된 제품 없음	박테리아용 DIY 잉크젯 프린터	해당 없음	http://biocuriousmembers.pbworks.com/w/page/48912717/Bioprinter%20Project

바이오해커 집단이 사용하는 실험 장비의 종류는 보통의 생명공학 실험실에서 사용되는 것과 거의 유사하지만, 전체적으로 장비의 가격은 상당히 저렴하다. 다만 장비의 수준은 공식적으로 확인된 바가 없다.

(출처: Landrain, T. et al., 2013: 120 일부 요약)

둘째, 실험을 수행하는 대상인 생명체 정보의 확보. 인간 외 생명체를 다루는 바이오해커 집단의 경우, 2000년대 중반 등장한 신생 학문 분야인 합성생물학*의 도움으로 유전정보에 대한 접근이 용이해지고 있다.

합성생물학의 정의는 국제학술대회 홈페이지syntheticbiology.org를 운영하는 '합성생물학 컨소시엄'이 제시하고 있다. 홈페이지에 따르면, 합성생물학은 '자연세계에 존재하지 않는 생물 구성요소와 시스템을 설계하고 제작하는

* 합성생물학은 2004년 6월 '합성생물학 1.0Synthetic Biology 1.0'이라는 이름의 국제학술대회가 MIT에서 개최되면서 본격적으로 전 세계에 알려지기 시작했다. 이후 '합성생물학 2.0'(미국 캘리포니아주립대학 버클리캠퍼스, 2006), '합성생물학 3.0' (스위스 취리히, 2007) '합성생물학 4.0' (홍콩, 2008), '합성생물학 5.0(미국 스탠퍼드대학, 2011), '합성생물학 6.0(영국 임페리얼 칼리지, 2013) 등 국제학술대회가 이어졌다.

●● 사실 합성생물학의 개념은 연구자마다 다르다. 합성생물학계에서는 "5명의 학자에게 합성생물학의 정의를 물어보니 6가지 상이한 대답이 나왔다"라는 우스갯소리가 퍼져 있기도 하다.

일'과 '자연세계에 존재하는 생물 시스템을 재설계해 제작하는 일'의 두 가지 분야를 아우른다. 여기서 드러나듯이 합성생물학의 개념은 매우 포괄적이다.●● 다만 유전자가 변형된 새로운 생명체를 제작한다는 점과 이 과정에서 유전정보를 '합성'한다는 점은 분명하다. 합성이라는 말은 생명체의 염기서열을 '읽는' 게놈프로젝트의 결과물을 확보한 뒤 거꾸로 이 염기서열을 '쓰는' 작업을 의미한다. 따라서 합성생물학은 자연과학이 아닌 공학의 영역에 속하며, 단순화와 표준화를 추구하는 합성생물학의 공학적 방법론이 바이오해커의 정보 취득 능력을 향상시키고 있다.

일반적으로 공학자는 자연과학자와 추구하는 바가 다르다. 자연과학자는 이미 존재하는 자연세계에서 새로운 현상의 발견을 추구한다. 이에 비해 공학자는 기존에 존재하지 않던 것을 만들어내는 일에 몰두한다. 생명체에 대한 접근에서 합성생물학자들은 복잡한 생명현상을 최대한 단순화시키고, 이를 토대로 특정 기능을 갖춘 생명체를 만들고 싶어한다. 합성생물학의 대표 주자 가운데 한 명인 MIT의 톰 나이트 교수는 이 같은 차이를 다음과 같이 표현한 적이 있다.

생물학자가 아침에 연구실에 가서 실험을 한 뒤 자신의 예상보다 생물시스템이 두 배나 복잡하다는 사실을 발견한다. 그리고 말한다. "굉장해. 이제 논문을 써야겠어." 공학자 역시 연구실에 가서 동일한 실험을 하고 동일한 결과를 얻지만 이렇게 말한다. "젠장. 이 복잡한 부분을 어떻게 해야 없앨 수 있지?"[31]

합성생물학자들은 유전자가 단백질을 합성하는 복잡한 과정을 종

　　　　　　　　　　　　　　제1부 바이오해커의 출현

종 전자공학에서 사용되는 단순한 논리회로로 구현하려 한다. [그림 2]는 단백질 합성의 첫 단계로 유전자 부위에서 벌어지는 일을 논리 게이트에 비유해 표현한 것이다.

또한 합성생물학자들은 실제 단백질 합성 과정을 단순화시키기 위해 단백질 합성에 필요한 다양한 생체요소를 부품parts으로 파악하고, 누구나 동일한 실험 결과를 도출할 수 있도록 부품의 표준화를 추구한다. 그리고 나름대로 표준화시킨 부품을 표준생물학부품목록 Registry of Standard Biological Parts의 형태로 인터넷(partsregistry.org)에 공개하고 있다.

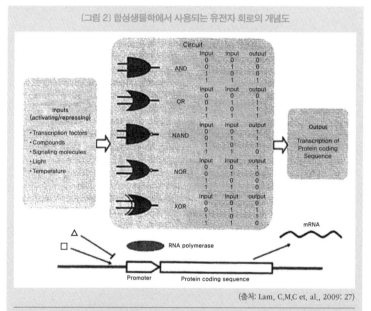

[그림 2] 합성생물학에서 사용되는 유전자 회로의 개념도

(출처: Lam, C.M.C et. al., 2009: 27)

다양한 입력요소(전사 인자, 화합물, 신호 분자, 빛, 온도 등)가 프로모터를 활성화(네모)/억제(세모)함으로써 단백질을 만들어내는 염기서열 부위로부터 mRNA에 유전정보가 전달되는 과정을 묘사한 간단한 회로도. 전자공학의 논리 게이트(AND, OR, NAND, XOR 등)를 차용했다.

이처럼 표준화된 부품을 이용해 만드는 유전자변형 생명체는 기존 학계에서 개발돼온 것과 어떤 차이가 있을까. 최종 결과물은 차이가 없다. 다만 만드는 과정이 다르다. 유전자변형 생명체를 만들기 위해 삽입하고자 하는 외래 유전자가 필요하다. 기존의 방법을 따르면 외래 유전자를 다른 생명체에서 '추출'해 변형을 원하는 생명체에 삽입한다. 하지만 합성생물학자들은 외래 유전자의 염기서열 정보를 얻어 실험실에서 '합성'한 다음(또는 생명공학 서비스 회사에 주문해 얻은 다음), 이를 생명체에 삽입하는 방법을 사용한다.

표준생물학부품목록에 제시된 수많은 생물 부품들의 염기서열 정보는 후속 연구자들이 새로운 생명체를 제작하는 데 필요한 시간과 노력을 단축시킨다. 바이오해커 집단은 바로 표준생물학부품목록에서 필요한 정보를 얻으면서 실험을 구상하고 실현시킨다.* 한편에서는 바이오해커에게 부품 정보를 제공하는 합성 미생물 회사도 등장했다. 예를 들어 매사추세츠 주 징크고 바이오웍스Ginkgo Bioworks는 규격화된 생물 구성요소들을 제공함으로써 바이오해커들의 연구를 용이하게 만드는 것이 회사의 설립 목적이라고 밝혔다.[32] 당시 회사는 이미 바나나향이 나고 어둠 속에서 붉고 희미하게 빛나는 유전자변형 미생물을 개발했으며, 이를 일반인에게 제공할 계획이라고 발표했다.** 결국 합성생물학의 등장으로 생명공학의 탈숙련화와 생체 유전정보의 확보가 가속화되는 경향이 나타나고 있으며, 이에 힘입어 바이오해커 집단의 활동

* 바로 이 표준화의 시도 때문에 한편에서 바이오해커 운동은 컴퓨터의 혁명을 일으킨 IT 분야의 초창기 해커 운동에 비유되고 있다.[33] 초창기 해커는 MIT, 캘리포니아주립대학 버클리캠퍼스, 카네기멜론대학 등 미국 대학에서 활동을 시작하다 인터넷의 발달로 더욱 긴밀하게 협력하며 성장세를 보였다. 그 성장세의 동력에는 표준화가 자리했는데, 1975년에 시작된 자곤 파일Jargon File(컴퓨터 프로그래머들이 사용하는 용어들을 모아놓은 파일)의 개발은 해커들이 사용하는 그들만의 독특한 용어를 표준화하려는 시도였다. 따라서 바이오해커 역시 표준화된 생명 요소에 대한 정보가 축적되면 여러 집단의 협조를 통해 획기적인 성과물을 도출할 수 있으리라는 예측이 나오고 있다.

** 당시 징크고 바이오웍스의 한 연구원은 『가디언』과의 인터뷰에서 "현재 생명공학은 중세 길드의 방식처럼 운영된다. 우선 박사학위를 받아야 하고, 연구 활동을 하려면 벤처 자본이 필요하다. 그렇지 않다면 장비를 가질 수 없다"고 언급했다.

이 탄력을 받고 있다고 볼 수 있다.*

인체를 대상으로 삼는 바이오해커 집단은 인간게놈프로젝트를 통해 확보되고 있는 질병 유전자의 염기서열을 탐색하는 일에서 주로 활동의 출발점을 찾는다. 사실 2000년대 초반 인간게놈프로젝트가 완료되자 세간에서는 바이오해커 집단의 등장이 공공연하게 예견되었다.[34] 당시 세계의 많은 언론매체는 마치 아마추어 천문학자들이 우주 관측을 진행해온 것처럼 아마추어 유전학자들이 DNA 정보를 활발하게 탐색할 것이라고 예측했다. 2005년에는 미국의 세 연구팀이 환자들의 유전정보를 분석해 질병과 유전정보 변형의 관계를 탐구하는 전장유전체연관분석GWAS, Genome Wide Association Study 결과를 최초로 발표하기에 이르렀다.[35] 미국에서 1000만 명 이상이 고통받는 퇴행성 근육질환에 대한 유전정보를 분석한 결과였다. 이후 GWAS는 세계적으로 당뇨병, 전립선암, 류머티즘, 심장병, 비만, 심지어 정신질환인 자폐증, 조울증, 공황장애 등을 포괄하는 다양한 질병을 대상으로 급속히 확장되었으며, 그 연구 결과들은 과학 학술지에 계속 공개되어왔다.

최근에는 개인 유전자정보 서비스 업체들의 등장으로 유전정보의 확보가 더욱 용이해지고 있다. 2007년 일반인에게 온라인을 통해 직접 유전정보를 제공하는 DTCDirect-To-Consumer 서비스 회사가 등장한 이후 2013년까지 세계적으로 유사한 회사가 30개 이상으로 증가했다.[36] 이제 의료기관에서 전문 유전 카운슬러와의 상담 절차를 거치지 않아도 자신의 유전정보를 누구나 손쉽게 알 수 있는 시대가 열렸다. 서비스 회사들은 신청자의 개인별 염기서열을 알아낸 뒤, 이를

* GenSpace의 임성원 역시 합성생물학을 접한 일이 단체의 설립 계기였다고 밝혔다. "단체 설립 2~3년 전 원시세포와 관련한 개인 연구를 하다가 합성생물학에 관한 문헌을 접하게 되고, 이것이 계기가 되어 우연히 DIYBio를 하는 사람들과 만나게 되고 (…) 마음 맞는 사람들과 여기저기에서 장비와 기타 실험에 필요한 화학물들을 기증받고, 또 이미 뉴욕 등지에 있는 해커단체 그리고 함께 일한 적 있는 교육단체들을 모델 삼아 공식 오픈했죠."[37]

GWAS 정보와 연관지어 개인별 질환 가능성을 알려주고 있다.

셋째, 바이오해커 집단의 기술혁신을 위해서는 새로운 아이디어를 발굴해 최종 결과물까지 도출하는 과정에서 부딪히는 수많은 난제를 해결할 수 있는 지적 능력이 필요하다. 바이오해커들의 훈련 정도는 무척 다양하다. 한쪽 극단에는 은퇴한 연구자나 일과 후 시간에만 활동하는 현직 연구자처럼 생명공학의 지식과 기법을 상당히 익힌 석박사급 전문가들이 자리하고 있다. 다른 극단에는 생명공학 분야의 대학 학부생을 비롯해 생명공학과 관련이 없는 이공계와 인문사회학계 (심지어 예술계) 학부생 그리고 비이공계를 졸업한 평범한 성인이나 고등학생까지 바이오해커로 활동하고 있다.** 바이오해커 집단은 다양한 지적 배경을 지닌 구성원들 사이의 자유로운 상호 학습을 통해 궁극적으로 창의적 문제해결 능력을 도출해낼 수 있다고 생각한다. 이른바 크라우드 소싱crowd sourcing의 힘을 추구하는 것이다.

•• GenSpace의 경우 2011년 1월 60여 명의 회원이 참여했는데, 이들의 연령은 20대부터 60대까지 다양했으며, 직업 역시 과학 훈련을 받지 않은 와인제조자, 생명공학 투자자, 인간게놈에 관심 있는 뉴요커 등으로 구성되어 있었다.[38]

실제로 바이오해커들은 소위 기능성 게임serious game의 일종인 온라인 게임 폴드잇Foldit을 자신들의 활동 모델로 종종 소개한다. 폴드잇은 2008년 워싱턴대학 생화학연구소가 제작한 게임으로, 에이즈 바이러스HIV가 증식하는 데 필요한 효소의 실제 모습을 정확히 예측하기 위해 다양한 사회 구성원으로부터 아이디어를 얻으려는 목적으로 개발되었다. 연구소 측은 생명체 내 20가지의 아미노산이 어떤 순서로 배열되어 접히면서 3차원 단백질 구조를 형성하는지 알고 싶었으며, 그 해결책은 인간의 직관으로 제시될 수 있다고 판단했다. 3차원 구조는 단백질의 성질과 기능을 결정하기 때문에 HIV를 치료할 수 있는 신약 개발에서 매우 중요한 정보였다. 이 게임은 생물학에 대한 지식 없이도 간단한 규칙만 파악하면 누구라도 참여가 가능했고, 참가자가 접힘 현상의 효율성을 높일수록 높은 점수를 얻었다. 결과는 놀라웠다. 게임이 공개된 지 3주 만에 과거 10여 년 동안 전문가들이 풀지 못한 문제가 상당히 해결된 것이다. 이 연구 결과는 2011년 9월 18일 『네이처』 자매지(『네이처 구조분자생물학지Nature Structural and Molecular Biology』)에 소개되었는데, 논문에는 9명의 주 저자 외에도 5만7000여 명의 게임 참여자가 저자로 등재되어 화제를 모았다. 폴드잇으로부터 도출된 연구 결과들은 전문 학술지에 모두 다섯 편의 논문으로 게재되었다.[39] 이후 워싱턴대학 연구진은 미국 국방부 산하 고등연구기획국DARPA으로부터 1400만 달러의 지원을 받고 크라우드소싱을 목표로 한 다양한 게임 개발을 진행하기 시작했다.

한편에서는 새로 입문하는 바이오해커를 위해 다양한 교육의 기회가 꾸준히 마련되고 있다. 각 집단별로 온라인을 통한 기초교육은 기본이고, 오프라인에서도 여러 수준의 교육 커리큘럼이 마련되고 있다. 예를 들어 GenSpace의 경우 300달러의 회비를 내면 전기영동이나 DNA 접합 등 기본적인 실험 기법을 4주 동안 익힐 수 있다. 또한 MIT에서 매년 개최되고 있는 아이젬 대회는 공식적인 바이오해커의 교육 행사로 자리하고 있다.

넷째, 일정한 기간 동안 특정 목표의 프로젝트를 완료할 수 있는 연구자금의 확보. 바이오해커 집단은 초창기 회비나 후원금으로 연구비를 충당했지만, 최근에는 크라우드 펀딩을 통해 자금을 확보함으로써 이전보다 규모가 크고 안정적인 프로젝트를 수행할 기회를 얻고 있다는 평을 받는다.

크라우드 펀딩이란 소규모 후원이나 투자 등의 목적으로 인터넷 같은 플랫폼을 통해 다수 개인들로부터 자금을 모으는 행위를 의미하는데, 소셜네트워크서비스SNS를 활용한다는 점에서 흔히 '소셜 펀딩'이라고도 불린다.[40] 펀딩에는 일반적으로 투자 목적에 따라 네 가지 유형이 있다. 신생기업이나 소자본 창업자에게 자금을 지원하고 지분에 따른 수익을 취하는 엔젤투자형, 후원자들에 대한 보상 없이 순수 기부의 목적으로 지원하는 공익후원형, 인터넷 소액대출을 통해 개인에게 자금을 지원하는 자활지원형, 금전적 보상을 제공하지만 주로 홍보를 목적으로 진행되는 프로젝트 홍보형 등이 그것이다.[41] 크라우드 펀딩은 세계적으로 활성화되는 추세인데, 최근 3년간 자금 모금액이 연평균 75퍼센트의 성장률을 보이고 있고, 2012년에는 전체 자금이 28억 달러에 이르렀다.

바이오해커 집단은 연구 공간을 마련하는 일에서 프로젝트 진행까지 크라우드 펀딩을 적극 활용하고 있다. 예를 들어 BioCurious는 오프라인 공간을 마련할 때 크라우드 펀딩 사이트인 킥스타터 kickstarter.com를 통해 애초 목표액보다 5000달러를 초과한 3만5000달러를 모금했다. 시애틀의 하이브바이오 커뮤니티 랩 역시 크라우드 펀딩을 통해 자금을 마련했다. 후원자들에 대한 보상은 보통 금전적으로 주어지지 않고 실물로 제공되거나 아예 없는 경우도 있다. 따라서 바이오해커 집단의 크라우드 펀딩 유형은 공익후원형과 프로젝트 홍보형의 중간 정도에 위치한다고 볼 수 있다.

이상과 같이 바이오해커 집단은 장비, 정보, 지적 능력, 자금 등을 점차 안정적으로 확보하고 있다. 하지만 이 요소들이 효율적으로 결합한다 해도 바이오해커의 활동은 사회적인 견제로 인해 저지될 가능성이 있다. 미생물이든 인간이든 생명체를 변형시키는 활동 자체는 인체와 환경에 위협을 가할 수 있다는 점에서 사회적인 우려를 낳을 수밖에 없기 때문이다.

제1부 바이오해커의 출현

최근까지 집단적인 프로젝트가 가시화된 몇 가지 사례가 이 책에서
다룰 논의의 대상이다. 대표적인 바이오해커 집단과 이에 대한 사회
적 관심이 비교적 최근에 형성되었기 때문에 현재까지의 성과물을 바
탕으로 기술혁신을 이뤘는지 여부를 평가할 수는 없다. 하지만 이들
의 활동이 향후 과학기술계와 사회에 중요한 영향력을 발휘할 가능성
은 분명 존재한다. 이 책에서는 현 단계에서 바이오해커 집단이 보유
하고 있는 기술혁신의 잠재력과 이를 둘러싼 긴장관계를 함께 검토하
고, 이들의 활동이 궁극적으로 우리 사회에 어떤 시사점을 던지고 있
는지 설명하려 한다.

BIO HACKER

제2부

바이오해커 집단의
프로젝트 사례

03

세계 최대 규모의 바이오해커
교육 공간, 아이젬 대회

생명 부품의 표준화

아이젬 대회는 세계에서 가장 규모가 큰 바이오해커 교육과 훈련의 공간이다. 동시에 최대 규모의 합성생물학 행사로 꼽는다. 기능이 밝혀진 미생물의 유전자를 '부품'으로 삼아 원하는 기능을 가진 생명체를 설계하고, 이를 컴퓨터에서 시뮬레이션하거나 실제로 만든 결과물을 출품해 기량을 겨루는 대회다. 전문지식이 부족하다 해도 누구나 새로운 생물시스템을 만들 수 있게 하자는 대회 취지에 따라 생물학뿐 아니라 공학이나 정보처리 등을 다루는 이공계 그리고 인문사회학계의 학부생들이 팀을 이뤄 대회에 참여하고 있다.

아이젬 대회의 아이디어를 떠올린 인물은 2003년 MIT 컴퓨터과학 및 인공지능 실험실에서 활동하던 톰 나이트와 드루 엔디였다.[1] 당시 나이트는 생명체의 기본 기능을 수행하는 부품을 표준화시키는 방법을 개발하는 데 열중하고 있었다. 표준화된 생물 부품을 이용하면 마치 레고블록처럼 부품을 조립함으로써 단순화된 생명체를 만들 수 있을 것이라는 아이디어였다. 당시 그는 관련 내용에 대한 강의를 진행하면서 자신의 아이디어가 생물학자에게는 전혀 관심을 끌 수 없기 때문에 자신과 같은 공학자가 나서야 한다고 판단했다. 엔디 역시 비슷한 아이디어를 구상하고 있었다. 엔디는 1999년 캘리포니아 분자과학연구소에 근무하던 시절 DARPA의 지원으로 「생물학적 회로망을 위한 표준 부품 리스트A Standard Parts List for Biological Circuitry」라는 보고서를 작성한 바 있다.[*]

나이트와 엔디는 자신들의 아이디어를 실현시킬 새로운 학문 분야를 정립하고 대외적으로 전파할 필요성을 강하게 느꼈다. 이들은 생물학을 기술의 일종으로 파악하고, 공학자들이 표준화된 부품으로 쉽게 접근할 수 있는 새로운 학문 분야를 '합성생물학'이라고 지칭했다.[**] 이들은 한편으로 MIT에서 2004년 첫 국제대회(합성생물학 1.0)를 개최함으로써 신생 학문 분야를 학계에 알리는 데 주력했다. 그리고 다른 한편으로 합성생물학을 누구나 쉽게 활용할 수 있도록 학부생 수준의 행사를 마련하기로 결정했다. 그 결과물이 바로 같은 해 MIT에서 열린 아이젬 대회였다. 아이젬 대회는 나이트와 엔디가 공유하던 아이디어의 실현 가능성을 현실에서 직접 확인할 수 있는 무대인 동시에, 합성생물학이라는 낯선 분야를 세간에 널리 전파할 수 있는 수단이기도 했다. 표준화한 부품들을 모아 등록하는 표준생물학부품목록 설치 아이디어는 나이트의 연구실에서 생물학의 기초를 배우며 무급 연구자로 활동하던 랜디 레트버그가 제안했다.[2] 레트버그는 BBN, 선 마이크로시스템스 등의 인터넷 회사에서 정보저장 분야의 기술담당 최고책임자CTO

● 엔디는 다트머스대학 생화학공학 분야에서 박사학위를 취득했다. 박사 논문의 주제는 대장균을 공격하는 바이러스인 박테리오파지 T7의 행동을 모델링하는 일이었다. 당시 엔디는 바이러스의 실제 행동을 예측하는 일에 지나치게 많은 변수가 있다는 점을 깨닫고, 특정 기능을 수행하는 유전자만으로 구성된 단순한 합성게놈을 가진 인공 바이러스를 만들면 예측이 쉬워질 것이라 판단했다.[3]

●● '생물학은 기술이다'라는 단적인 표현은 대표적인 바이오해커인 카슨의 책 제목으로도 등장했다.[4]

　　　　　　　　제2부 바이오해커 집단의 프로젝트 사례

를 역임한 인물이었다.

2005년 엔디는 스탠퍼드대학으로 자리를 옮기면서 합성생물학의 학술적 대중적 확산을 주관하는 바이오브릭재단Biobricks Foundation의 설립을 주도했다. 이 재단은 매사추세츠 주 법률에 따라 등록된 비영리조직이다. 재단을 설립한 이유는 합성생물학이 상업적 목적에 따른 독점화 경향에 대항하기 위한 것이었다.[5] 설립 직전에 미국에서 코돈 디바이스Codon Devices, 신제노믹스SynGenomics, 아미리스 테크놀로지Amyris Technologies 등의 합성생물학 회사가 속속 설립되었기 때문이었다.* 바이오브릭재단은 설립 시기부터 표준생물학부품목록을 관리하기 시작했다([그림 3] 참조).

나이트와 엔디가 표준화된 부품을 중요시하는 이유는 무엇일까. 먼저 부품의 개념을 사례와 함께 살펴보자. 보통 합성생물학 연구자들은 생명체의 구성요소를 기계의 부품, 장치device, 시스템system 등으로 구분하고 있다. 여기서 부품은 유전정보를 통해 생물학적 기능을 수행하는 기본 단위를 의미한다. 예를 들어 단백질 합성의 시작을 알리는 DNA 영역인 프로모터promoter, 프로모터와 결합하는 RNA 중합효소RNA polymerase, 단백질 합성을 억제하는 영역인 오퍼레이터operator, 단백질 합성 장소인 리보솜에서 DNA로부터 정보가 전달된 mRNA와 결합하는 영역인 리보솜결합부위Ribosomal Binding Site, 단백질 합성의 종료를 알리는 영역인 터미네이터terminator 등이다. 이들 부품이 모여 상대적으로 좀더 확장된 기능을 수행하는 단위를 장치와 시스템이라고 부른다.

합성생물학계에서 생체시계biological clock의 간단한 형태인 링 오실

* 그러나 코돈 디바이스는 엔디 자신이 대표적 합성생물학자인 조지 처치, 제이 키슬링, 조지프 제이컵슨 등과 공동으로 설립한 회사였다. 코돈 디바이스는 3300만 달러의 막대한 초기 자금으로 설립되었으며, 특허 취득에 적극적이었기 때문에 엔디의 이중적 태도에 대해 논란이 일었다. 엔디는 이에 대해 합성생물학의 산업화를 위해 두 가지 그룹의 연계가 필요하다고 역설하기도 했다. 코돈 디바이스는 2009년 초 문을 닫았다.[6]

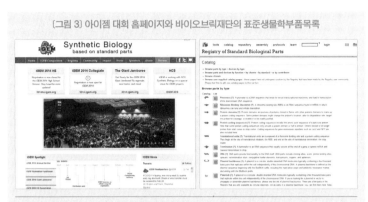

[그림 3] 아이젬 대회 홈페이지와 바이오브릭재단의 표준생물학부품목록

아이젬 대회의 홈페이지(왼쪽)와 대회 참가자들이 참조하는 표준생물학부품목록의 일부(오른쪽). 부품목록에는 부품, 장치, 시스템 수준에서 해당 유전정보와 기능이 소개되어 있다.

레이터ring oscillator라는 시스템을 만드는 과정을 예로 들어보자. 모든 생명체는 계절이나 하루 등의 주기적 변화에 맞추어 적합하게 살아갈 수 있도록 진화되어왔다. 환경의 주기적 변화에 적응하기 위해 생명체 내에 시계의 역할을 담당하도록 개발된 시스템을 생체시계라고 부른다. 생체시계에 대한 연구는 주로 초파리를 대상으로 진행되어왔다. 초파리가 매일 이른 아침에만 번데기에서 성충으로 변한다는 사실에 착안해 연구를 진행한 결과, 연구자들은 1970년대 초반 생체시계 관련 유전자가 초파리에 존재한다는 사실을 알아냈다. 이후 2000년대 초반 초파리 생체시계가 여러 유전자와 단백질의 음과 양의 피드백에 의해 조절된다는 사실을 바탕으로 초파리의 유전자-단백질 네트워크 구조를 단순화시켜 대장균에 구현한 것이 링 오실레이터다.

[그림 4]의 b는 실제 초파리의 생체에 존재하고 있는 유전자-단백질 네트워크의 일부다. 만일 생체시계가 늦어진다면, 두 종류의 단백질(Per, Tim)이 중심 단백질(Clk/Cyc)의 생성을 억제하고, 이 작용은

제2부 바이오해커 집단의 프로젝트 사례

이들과 연결된 다른 사슬을 통해 또 다른 단백질(PDP, Vri)의 생성을 억제하는 과정을 거치면서 중심 단백질 일부(Clk)의 생성과 억제를 동시에 유발한다.

합성생물학자들은 초파리에서 벌어지는 이 복잡한 피드백 시스템을 단순화시켜 다른 생명체 내에서 구현하기를 희망한다. 생체시계의 작동 메커니즘을 좀더 정확하게 파악하는 일은 물론 공학적으로 다양한 응용이 가능해질 수 있기 때문이다. 실제로 엘로비츠와 라이블러[7]는 초파리 생체시계 시스템에서 음의 피드백으로 조절되는 부분만을 대장균 안에 삽입하고, 이를 링 오실레이터라고 명명했다. 링 오실

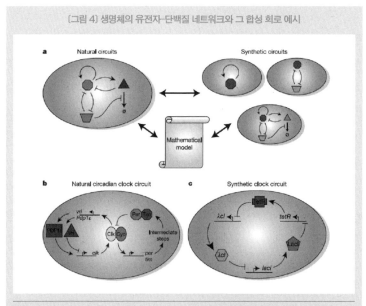

[그림 4] 생명체의 유전자−단백질 네트워크와 그 합성 회로 예시

자연계 생명체에서 발견되는 피드백 회로(a 왼쪽)를 합성생물학자들은 수학적 모델링을 거쳐 간단한 형태의 여러 부품으로 분리해낸다(a 오른쪽). 예를 들어 초파리의 생체시계를 구성하는 유전자−단백질 네트워크(b)는 세 종류의 유전자와 단백질이 음의 피드백 사슬로 엮인 단순화된 형태의 링 오실레이터로 만들어질 수 있다(c).

(출처: Sprinzak, D, & M.B, Elowitz, 2005: 444)

레이터의 기본 회로는 대장균과 다른 미생물에 존재하는 세 종류의 유전자(a, b, c)를 가진 플라스미드로 구성된다. 이들 유전자는 전체적으로 연속적인 음의 피드백을 이루는 사슬로 이뤄져 있다. 즉 하나의 유전자(a)가 만들어낸 단백질(A)이 다른 유전자(b)의 단백질(B) 생성을 억제하는 방식이다. 가령 A는 RNA중합효소가 b에 결합하는 일을 방해하는 역할을 수행하고, 그 결과 B의 생성이 감소함에 따라 c와 RNA중합효소의 결합이 증가한다. C의 양이 증가하면 A는 감소한다. 만일 이들 유전자 가운데 한 가지에 형광 단백질을 만드는 유전자와 연결시키고 그 전체 회로를 박테리아에 삽입하면 일정하게 빛을 깜빡거리는 유전자변형 박테리아가 만들어지는 것이다.

엔디는 엘로비츠와 라이블러의 연구 결과가 한 걸음 더 나아가기 위해서는 부품의 표준화가 필요하다고 주장한다.[8] 생명공학계에서 저명한 두 명의 연구자가 박테리아 안에 링 오실레이터를 구축하는 데 1년이 걸렸다. 만일 다른 연구자들이 동일한 박테리아를 만든다면 거의 동일한 시간과 노력이 소요될 것이다. 각 유전자 구성 물질을 일일이 직접 만들어야 하고, 회로를 직접 구성해야 하며, 각각의 부품이 제대로 작동하는지 일일이 확인해야 하기 때문이다. 이에 비해 유능한 전자공학 학생이라면 금세 링 오실레이터의 전자기적 형태를 설계하고 이를 손쉽게 박테리아 안에서 구현하리라는 것이 엔디의 생각이다. 그 전제조건은 언제 어디서든 동일한 시스템을 제작할 수 있도록 부품의 생산라인을 표준화하는 일이다.

엔디는 합성생물학 분야를 자동차산업에 비유하며 표준화의 중요성을 설명했다. 그에 따르면, 자동차산업이 급격하게 발전할 수 있었던 주요 이유는 모든 부품이 표준화되었기 때문이다. 예를 들어 세계 어디에서든 표준화된 볼트와 너트를 구할 수 있기 때문에 자동차산업

제2부 바이오해커 집단의 프로젝트 사례

에서 기술혁신이 가속화될 수 있었다는 설명이다. 마찬가지로 합성생물학 분야에서 부품부터 시작해 모든 구성요소를 표준화시킨다면 세계 어디서든 변형된 생명체를 성공적으로 작동시킬 수 있을 것이다.

생명체에 적용되는 표준화의 개념을 알코올분해효소를 사례로 살펴보자.[9] 이 효소는 모든 생명체에서 알코올분해라는 기능을 동일하게 수행하지만, 사람마다 또는 생물의 종류에 따라 그 구조가 일부 다를 수 있고, 기능 역시 다양하게 발휘될 수 있다. 때로는 이 효소가 존재하더라도 작동을 하지 않는 경우도 있다. 알코올분해효소의 DNA를 표준화하는 일은, 특정 대장균에 이 효소가 들어가 내는 효과와 동일한 효과를 어떤 연구자든 실험을 통해 얻을 수 있도록 만드는 작업을 의미한다.

이제 표준화된 생산라인을 가정하여 링 오실레이터를 만드는 과정을 [그림 5]를 통해 살펴보자.[10] 먼저 부품으로 단백질 합성을 억제하는 표준화된 오퍼레이터(#R0051), 오퍼레이터와 결합해 유전자 활동을 조절하는 표준화된 단백질(#C0051) 등을 준비한다. 제각기의 작업을 수행하는 각 부품을 연결해 하나의 장치, 즉 인버터inverter를 만든다. 인버터는, '많음'을 입력하면 출력은 '적음'으로 바꿔주는 장치다. 마지막으로 각 장치를 신속하게 연결해주는 부품인 PoPSPolymerase Per Second로 인버터들을 묶어준다. 이것이 세 종류의 인버터가 연결된 링 오실레이터라는 시스템에 해당한다.

엔디가 설명한 표준화된 부품의 개념은 많은 합성생물학자 그리고 아이젬 대회의 참가자에게 유전자변형 미생물을 상대적으로 손쉽게 만들 수 있는 가능성을 제시한다. 생물학에 대한 지식이 부족한 공학자나 대학생의 경우 아무리 흥미로운 생물학적 기능을 설계한다 해도 선뜻 연구에 나서기가 어렵다. 그 이유 중의 하나는 DNA를 재조합

[그림 5] 표준화된 생산라인을 통해 링 오실레이터를 제작하는 과정

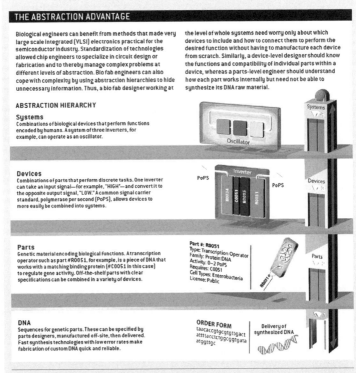

THE ABSTRACTION ADVANTAGE

Biological engineers can benefit from methods that made very large scale integrated (VLSI) electronics practical for the semiconductor industry. Standardization of technologies allowed chip engineers to specialize in circuit design or fabrication and to thereby manage complex problems at different levels of abstraction. Bio fab engineers can also cope with complexity by using abstraction hierarchies to hide unnecessary information. Thus, a bio fab designer working at the level of whole systems need worry only about which devices to include and how to connect them to perform the desired function without having to manufacture each device from scratch. Similarly, a device-level designer should know the functions and compatibility of individual parts within a device, whereas a parts-level engineer should understand how each part works internally but need not be able to synthesize its DNA raw material.

ABSTRACTION HIERARCHY

Systems
Combinations of biological devices that perform functions encoded by humans. A system of three inverters, for example, can operate as an oscillator.

Oscillator

Systems

Devices
Combinations of parts that perform discrete tasks. One inverter can take an input signal—for example, "HIGH"—and convert it to the opposite output signal, "LOW." A common signal carrier standard, polymerase per second (PoPS), allows devices to more easily be combined into systems.

Inverter
PoPS   PoPS
Devices

Parts
Genetic material encoding biological functions. A transcription operator such as part #R0051, for example, is a piece of DNA that works with a matching binding protein (#C0051 in this case) to regulate gene activity. Off-the-shelf parts with clear specifications can be combined in a variety of devices.

Part #: R0051
Type: Transcription Operator
Family: Protein:DNA
Activity: 0–2 PoPS
Requires: C0051
Cell Types: Enterobacteria
License: Public

Parts

DNA
Sequences for genetic parts. These can be specified by parts designers, manufactured off-site, then delivered. Fast synthesis technologies with low error rates make fabrication of custom DNA quick and reliable.

ORDER FORM
taacaccgtgcgtgttgact
attttacctctggcggtgata
atggttgc

Delivery of synthesized DNA

부품, 장치, 시스템을 유전자가 아닌 단백질 수준에서 설명한 그림이다. 기능이 확인된 표준화된 DNA 염기서열 정보를 이용해 부품들을 만들어내고, 부품들을 연결해 장치를 생산하고, 다시 장치들을 연결해 하나의 시스템을 생성하는 과정을 묘사했다.

(출처: Bio Fab Group, 2006,6: 48)

할 때 전통적인 유전공학자가 오랜 훈련을 거쳐 체험한 '암묵적 지식 tacit knowledge'을 쉽게 얻을 수 없기 때문이다.[11] 엔디는 이 지점에서 필요한 개념이 설계와 제조의 분리decoupling라고 설명한다. 즉 흥미로운 설계 아이디어만 갖추면 제조의 문제는 표준화된 생산라인을 통해 쉽게 해결할 수 있어야 한다는 것이다. 이는 마치 새로운 반도체를 만들

어낼 때 반도체 칩을 설계하는 일과 실제로 표준화된 방법으로 집적회로를 제조하는 일 사이의 분리와 유사한 과정이라고 엔디는 설명한다.

아이젬 대회의 주최 측이 참가자들에게 요구하는 중요한 항목이 바로 표준화다. 아이젬 대회의 심사위원은 보통 대회 후원기관, 정부기관, 산업계 등의 인사들과 참가팀의 고문으로 구성된다. 심사에서 고려되는 사항 가운데 하나는 참가자들이 주최 측이 제시한 표준화된 부품과 방법으로 실험을 수행했는지 여부다.* 그리고 참가자들이 성과물을 표준생물학부품목록에 얼마나 많이 새롭게 등록했는지가 평가에서 중요하다.[12] 새로운 표준화된 부품을 생산하지 못하면 아무런 상도 주어지지 않는다.**

참가자들은 아이젬 대회의 취지에 적극 호응해왔다.*** 한편으로 이 대회가 '잼버리'라고 불리기도 하는데, 대회 기간 내내 즐겁고 흥겨운 분위기가 가득하기 때문이다. 참가 동기는 다양하다. 합성생물학에 대한 개인적 관심, 정규 과정에서 얻을 수 없는 훈련의 기회, 나름대로의 아이디어를 실현하고자 하는 도전 의식, 학문적 성취 그리고 연구 성과물을 토대로 시장에 진출하려는 벤처정신 등이 어우러져 있다.

* 실제로 2009년 참여한 한국 고려대팀의 경우 심사위원들이 은메달 감이라고 얘기하면서 칭찬했지만, 주최 측의 표준화된 방법을 사용하지 않았기 때문에 수상하지 못했다고 한다. 2010년 대회에서 고려대팀은 표준화된 방법을 사용해 수상했다.[13]

** 2008년 대회에서 한 심사위원은 "주요한 강조점은 특성이 잘 드러나는 부품들을 표준생물학부품목록에 등록하는 일이다. A대학과 B대학은 줄기세포와 신경세포 분야에서 훌륭한 프로젝트를 수행했지만, 다른 사람들이 사용할 수 있도록 표준화된 포맷을 제출하지 않아 동메달도 수여하지 못했다"고 말했다.[14]

*** 미국에서 고등학생과 대학생을 대상으로 한 대규모 과학기술 대회는 많이 개최되고 있으며, 그 주제는 로켓, 로봇, 태양열이나 전기자동차 등 주로 기계 및 전자공학 분야에 한정되어 있다. 그러나 아이젬 대회처럼 생물학 분야에서 이 같은 대규모 대회가 개최되는 경우는 드물다.[15]

매년 증가하는 대회 규모

아이젬 대회의 참가자들이 가장 먼저 수행하는 작업은 유전자변형 미생물의 설계다. 가을에 열리는 최종 결선에 대비해 봄부터 설계 작업에 착수한다. 참가자들은 설계 단계에서 대략 두 가지 과정을 반복적으로 거친다.[16] 첫째, 흥미로운 기능을 발휘할 수 있는 미생물에 대한 아이디어를 논의하는 브레인스토밍이다. 둘째, 아이디어를 현실화할 수 있도록 단순한 부품들로 구성된 생물 회로를 만들 수 있는지에 대한 판단이다.

변형할 미생물의 기능을 선정한 뒤에는 해당 기능을 실현할 수 있는 관련 부품들을 표준생물학부품목록에서 찾는다. 바로 제2장에서 언급한 바이오해커 집단의 유전정보 확보 단계다. 바이오브릭재단은 관련 부품에 대한 디지털정보는 물론 실물 DNA를 참가자들에게 제공한다. 현재 바이오브릭재단에는 수만 개의 부품이 등록되어 있다.▲

▲ 표준생물학부품목록에는 아이젬 대회 참가자들이 개발한 부품은 물론 전문 합성생물학자들이 개발한 부품도 포함되어 있다.

▲▲ 하지만 BPA는 오픈소스 정신의 기원에 해당하는 1980년대 중반 자유소프트웨어 운동보다는 덜 엄격한 사용 조건을 표방하고 있다. BPA와 오픈소스 소프트웨어 라이선스 간 공통점과 차이점은 제3부 제7장에서 설명한다.

아이젬 대회의 참가자들은 부품의 사용과 등록에 대해 주최 측과 '바이오브릭 공공협약 BPA, BioBrick™ Public Agreement'을 체결한다. BPA는 '사용자user 협약'과 '개발자contributor 협약'으로 구성되는데, 2015년 5월 현재 버전 1.0이 마련되어 있다. 협약의 핵심 내용은 대회 참가자들이 누구나 표준생물학부품목록에 올라 있는 모든 부품, 장치, 시스템에 대한 유전정보에 자유롭게 접근하고 이를 활용할 수 있다는 것이다. 또한 대회를 마친 참가자들은 새롭게 만든 부품, 장치, 시스템에 대한 유전정보를 이후 새로운 참가자들에게 동일한 조건으로 표준생물학부품목록에 제공한다. 이 부분에서 아이젬 대회는 IT 분야에서 출발한 오픈소스 소프트웨어 정신을 계승하고 있다는 점을 확인할 수 있다.▲▲

앞서 언급했듯, 오픈소스 소프트웨어란 소스코드가 공개된 컴퓨

터 소프트웨어를 의미한다. 특정 소프트웨어를 개발하면 개발자가

소프트웨어와 소스코드를 함께 공개한다.* 소

스코드는 컴퓨터 프로그래머가 작성한 프로

그램 코드를 말하는데, C나 Java 등의 언어로

표현된다. 소스코드는 컴퓨터가 이해할 수 있

는 형식의 언어로 변환되어야 하는데, 그 형식

은 0과 1로 구성된 이진코드(실행코드)다. 컴퓨

● 대표적인 오픈소스 소프트웨어로는 모바일 플랫폼 시장에서 50퍼센트의 점유율을 보이는 리눅스 커널, 서버 시장에서 30퍼센트의 점유율을 보이는 리눅스 운영체제, 웹서버의 60퍼센트를 차지하는 아파치Apache, DB 분야의 선두주자인 MySQL, 통합개발 환경을 제공하는 이클립스Eclipse 등이 있다.17

터는 소스코드를 실행코드로 변환시키는 프로그래밍 툴인 컴파일러

complier를 통해 비로소 자신에게 주어진 명령이 무엇인지를 인지하

고 작업을 수행할 수 있다. 만일 소프트웨어 개발자가 소스코드를 공

개한다면 후속 개발자들은 소스코드를 변경해 새로운 소프트웨어를

쉽게 만들어낼 수 있을 것이다. 대체로 후속 개발자는 소프트웨어를

자유롭게 복사, 수정, 배포할 수 있지만, 오픈소스 소프트웨어가 항

상 무료인 것은 아니다.** 아이젬 대회에서 표

방하는 오픈소스 정신에서 소스는 특정 기능

을 발휘하는 유전정보를 의미한다.

●● 오픈소스 라이선스는 제품을 사용할 때 로열티를 지불하지 않는다는 의미에서 무료이며, 소프트웨어 자체가 무료라는 의미가 아니다.18

참가자들은 설계를 마치고 해당 DNA를 얻은 다음 실물 제작에 들

어간다. 이 단계부터는 본격적으로 전문화된 장비와 지적 능력이 필

요하다. 실제 DNA를 설계에 따라 회로를 구성하고 이를 미생물에 삽

입하는 일은 생명공학을 전공하는 학부생이라 해도 스스로 수행하기

에 쉽지 않다. 그래서 대회 참가자들은 보통 대학의 지도교수나 조교

의 감독과 지도 아래 연구실에서 제공되는 재료와 실험 장비를 사용

한다. 이 과정은 정규 교육 커리큘럼의 일환이 아니라 지도교수나 학

생 모두의 자발적인 참여로 이루어지기 때문에 참여자들의 열의가 실

험의 성패에 주요 요인으로 작용한다. 학생들의 열의가 떨어지면 지도

교수의 의지만으로는 활동을 지속적으로 추동하기가 어렵다.[19]

원하는 기능을 수행하는 미생물을 만들어내면, 그 실험 과정과 결과를 대회 홈페이지에 보고한다. 이후 실제 대회기간 중에는 프레젠테이션을 통해 서로의 기량을 겨룬다.

이제 마지막으로 자금 확보 문제를 살펴보자. 사실 아이젬 대회에 참가하려면 학부생으로서는 부담스러운 비용을 지출해야 한다. 예를 들어 2014년 대회의 경우 팀별 등록비가 3000달러 수준, 지역별 예선과 본선 참가비는 학생당 450달러 수준이다. 유럽연합이나 일본의 경우 기업, 비영리기관이나 대학 등의 스폰서가 활발하게 지원해주는 분위기여서 참가자들이 큰 경제적 부담을 갖지 않는다. 이에 비해 미국 참가자들은 대략 유럽연합의 2분의 1, 일본의 3분의 1 수준에서 지원을 받고 있다.[20] 그래서 미국 참가자들은 교수와 학생들이 개별적으로 경비를 충당한다.

그럼에도 참가자 수는 매년 증가하는 추세다([표 3] 참조). 대회 첫해인 2004년에는 불과 미국 내 5개 팀이 참가했지만, 2010년에는 130여 개 팀으로 구성된 1000여 명이 참가했다. 참가국의 수도 세계적으로 늘어나는 추세다. 2012년의 경우 191개 팀 가운데 미국에서 83개, 유럽에서 53개, 아시아에서 55개 팀이 참가했다. 대회 참가자의 수가 늘어남에 따라 2011년부터는 아시아나 유럽 같은 지역 예선을 통과한 팀만이 MIT에서 열리는 본선에 참가할 수 있게 되었다.

대회 참가 자격도 점차 확대되고 있다. 2011년부터 고등학교 부문 대회가 신설되었는데, 2011년에는 미국의 5개 팀뿐이었지만 2012년에는 41개 팀(미국 30개, 아시아 7개, 유럽 4개), 2013년에는 30개 팀(미국 17개, 아시아 6개, 유럽 6개, 남미 1개)이 참가했다. 또한 2012년부터는 기업 부문 대회가 신설되었는데, 유전자변형 미생물을 직접 만드는 것이 아니라 합성생물학의 성과물에 대한 비즈니스 계획 및 모델, 산업 발달, 사회적 규제 등 마케팅 관련 이슈의 발표가 이루어지고 있다. 2012년의 경우 19개 기업팀(미국 14개, 아시아 1개, 유럽 4개)이 참가했다.*

* GenSpace의 구성원들도 한 팀을 이뤄 2011년도 대회에 참여해 국제대회 본선까지 진출했다. 당시 수행한 프로젝트의 주제는 유전자가 변형된 대장균으로 나노 수준에서 양자점quantum dot 크리스털을 제작하는 것이었다.

〔표 3〕아이젬 대회 참가 현황

	참가팀 수	제출 부품 수	비고
2004	5	50	미국에 한정
2005	13	125	국제적 참가 시작
2006	32	724	–
2007	54	800	–
2008	84	1387	–
2009	112	1348	–
2010	130	1863	–
2011	165	1355	고등학교 참가 시작
2012	191	1708	기업 참가 시작
2013	215	1708	–

(출처: www.igem.org)

바이오해커의 산실 아이젬 대회

지난 10여 년간 진행되어온 아이젬 대회의 성과를 질적으로 평가하기는 어렵다. 그동안 제시된 프로젝트의 수가 1000여 건, 제출된 부품의 수가 1만여 건에 이르러, 성과물에 대한 질적 평가를 단적으로 내리기에는 지나치게 양이 많다. 다만 대회의 성과에 대한 전반적인 경향을 파악할 수는 있다.

아이젬 대회 참가자들의 작품 대부분이 아마추어 수준이라는 데는 이견이 없다. 하지만 이들이 대회를 계기로 제도권 연구자들이 떠올

리지 못하는 참신하고 흥미로운 연구 주제를 스스로 발굴하고 기본
적인 실험 기법을 익힘으로써 장차 전문가로 성장할 수 있는 기회를
접했다는 점 역시 사실이다.

예를 들어 2007~2008년의 2년간 아이젬 대회에 참가한 학생들 가
운데 각각 199명(20퍼센트)과 410명(33퍼센트)을 대상으로 설문조사를
진행한 결과, 대회가 전체적으로 만족스러웠다는 답변은 60퍼센트 이
상이었으며, 많은 학생이 대회를 통해 학습 능력이 향상되었다고 답
했다.[21] 대회 참가 전 생명공학 실험실 경험이 없는 학생이 3분의 1 정
도였으며, 대회에서 처음으로 PCR, 클로닝, 박테리아 배양 등 기본 기
술을 접하고 익혔다고 답한 이들도 3분의 1 정도였다. 또한 자신의 연
구 주제와 연관된 질문을 알아내는 능력, 실험 계획에 대한 이해, 자
신의 새로운 데이터를 과거 보고된 데이터와 연관지어 분석하는 능력
등이 향상되었다고 답한 비율은 4분의 3 정도였다.

참가자들의 합성생물학에 대한 열정은 상당히 높은 것으로 나타
났다. 대회를 준비하는 여름 내내 주 40시간 이상을 할애한 학생이
35퍼센트 이상이었다. 대회 규정상 새로운 부품을 하나만 등록해도
되지만 더 많이 등록한 경우도 종종 발견된다. 2007년 대회에서 10개
이상 등록한 팀의 비율이 30퍼센트에 달했고, 2008년 대회에는 4개
팀이 무려 75~100개를 등록하기도 했다.

아이젬 대회는 향후 참가자들의 진로에도 큰 영향을 미치고 있는
것으로 드러났다. 가령 2008년 대회의 경험 이후 자신의 진로를 바꾸
겠다고 응답한 비율은 67퍼센트였다. 이 가운데 80퍼센트는 생명공학
엔지니어에 대한 관심이 증가했다고 답변했고, 66퍼센트는 실험실 연
구에 관심이 많아졌다고 응답했다.

아이젬 대회의 규모를 확대하려는 시도도 있었다. 대회 참가를 위

제2부 바이오해커 집단의 프로젝트 사례

한 중고등학교 교육 프로그램을 개발하거나, 바이오해커 집단 홈페이지에 대회 참여를 독려하는 글을 올리기도 했다.

프로젝트의 주제는 미생물 게임 개발에서 인류의 공익을 위한 문제 해결까지 다채롭다.[22] 2005년 대회에는 박테리아에게 먹이(당류)를 적절하게 제공하는 스위치를 개발해 박테리아 간 의사소통을 하면서 릴레이 경주를 하도록 만든 작품이 선보였다. 2009년 대회에는 일본 게임 캐릭터인 슈퍼마리오가 세균배양용 접시 위에 그려진 모습이 출품되었다. 인간의 건강과 생존에 도움을 주는 작품도 많다. 2008년 미국 라이스대학팀은 항암 성분이 포함된 맥주를 개발했다. 같은 해 영국 글래스고대학팀은 인간에게 환경오염을 조기에 알려주는 독특한 미생물을 개발했다. 전체적으로 인류의 현안인 보건과 환경 문제를 해결하기 위해 유전자변형 미생물을 개발하는 작업이 꾸준히 지속되고 있다([표 4] 참조).

〔표 4〕 보건과 환경 이슈와 관련된 아이젬 대회 프로젝트(2005~2012)

범주	주제	프로젝트 수
건강과 의약	질병 진단	30
	암 치료	17
	감염성 질환 치료	19
	기타 치료	62
	백신과 항바이러스 치료	4
환경	환경 모니터링	71
	오염물질 제거	33
	환경 보호	7
	GMO 확산 통제	5
음식과 에너지	음식	27
	에너지(생물연료, 생플라스틱 등)	42

(출처: Landrain, T, et al., 2013: 122)

한편으로는 대회의 연구 결과를 발전시켜 전문 학술지에 발표하는 사례가 등장하고 있다. 그 첫 사례는 2005년 11월『네이처』에 커버스토리로 발표된 바이오필름 제작 논문이다.[23] 이 바이오필름의 표면은 빛을 받으면 특정 색깔을 발하도록 유전자가 변형된 대장균으로 덮여 있었다. 바이오필름을 만든 주인공은 미국 텍사스대학 오스틴캠퍼스의 학부생들이었으며, 바이오필름으로 인화된 사진의 인물은 지도교수인 앤드루 엘링턴이었다. 이 팀은 이후 연구를 더욱 발전시켜 대장균 집단이 빛과 어둠의 경계를 인식하게 만들기 위해 서로 커뮤니케이션을 수행하도록 알고리즘을 개발한 연구 결과를『셀Cell』에 발표했다.[24] 이 외에도 미생물 유전회로와 관련된 논문들이 여러 편 발표되었다.[25]

최근에는 이 같은 논문 발표 사례가 점차 확산되는 추세다. 아이젬 대회에서 의미 있는 결과를 얻은 대부분의 주제는 논문으로 게재되었거나 게재를 준비 중이다.[26] 특히 합성생물학의 주요 학술지에서 아이젬이란 용어로 검색하면 적지 않은 논문이 발견된다.*

● 예를 들어『미국화학회 합성생물학ACS Synthetic Biology』와『생물공학 저널 Journal of Biological Engineering』홈페이지에서 iGEM으로 검색하면 2013년 각각 12편, 4편의 논문이 검색된다.

아이젬 대회에 제출된 결과물 가운데 주최 측으로부터 합격점을 받고 표준생물학부품목록에 등록된 부품, 장치, 시스템의 수도 많아지고 있다. 최근까지 바이오브릭재단에 등록된 표준화된 부품의 25퍼센트 정도가 아이젬 대회에서 도출된 것이다.[27] 따라서 아이젬 대회가 합성생물학 분야의 표준화 시도에 적지 않은 기여를 하고 있음을 알 수 있다.

한편 아이젬 대회는 세계 바이오해커 집단의 활동을 촉진하는 역할을 하고 있다. 대학생 수준에서 만들어낸 유전자변형 미생물의 양과 질이 향상됨에 따라 많은 바이오해커가 아이젬 대회에 주목하고 있다.* 최근 몇 년 사이 아이젬 대회의 존재와 그 성과물에 대해 세계 언론매체가 활발하게 보도하고 있는 현상도 바이오해커 집단의 형성과 확산에 긍정적인 영향을 미칠 것으로 보인다. 다음 장에서 소개할 BioCurious의 활동이 아이젬 대회로부터 도움을 받아 연구를 수행하고 있는 대표적 사례다.

* DIYbio는 최근까지 아이젬 대회와 공식적인 교류가 없었던 것으로 보인다. DIYbio의 공동 설립자이자 아이젬 대회의 진행요원인 코웰은 2013년 11월 DIYbio 홈페이지에 회원들에게 2014년 아이젬 대회의 참여를 독려하는 글을 올렸다.

04.

크라우드 펀딩을 통한 자금 확보, 발광식물 프로젝트

발광식물 분야의 시장 개척

2013년 4월 24일 미국의 대표적인 크라우드 펀딩 전문 웹사이트인 킥스타터에서 바이오해커를 자칭하는 인물 세 명이 흥미로운 공고를 냈다.[*] 스스로 빛을 발하는 식물을 개발하기 위해 필요한 연구개발 자금을 지원해달라는 내용이었다. 일명 '발광식물 프로젝트Glowing Plant Project'의 등장이었다([그림 6] 참조).

프로젝트팀은 박테리아나 반딧불이 같은 발광생명체에서 유전자를 추출해 애기장대 Arabidopsis thaliana[**]라는 식물에 삽입하겠다고 밝혔다. 펀딩을 호소하는 동영상에는 일단 빛나는 애기장대를 개발하는 데 성공하면 이후 빛나는 장미와 가로수도 쉽게 만들 수 있으며,

자신들의 잠재력을 제한하는 것은 오직 인간 상상력의 한계뿐이라는

[*] 킥스타터는 세계 최대 규모의 크라우드 펀딩 사이트로 알려져 있다. 홈페이지에 따르면, 2013년 1만9911개 프로젝트가 펀딩에 성공했고, 300여 만 명이 펀딩에 참여했으며, 총 4억8000만 달러가 모금되었다. 1분에 913달러가 모금된 셈이다.

[**] 애기장대의 유전체는 1억3000만 개의 염기로 구성되는데, 이는 고등식물 가운데 가장 적은 수다. 다 자랐을 때의 길이는 15~35센티미터다. 이미 애기장대에 대한 게놈프로젝트는 완료되어 모든 염기서열이 밝혀져 있으며, 이 가운데 2만여 개 유전자가 벼, 밀, 콩 등 주요 작물과 동일해 유전공학 분야에서 그 연구 가치가 높게 평가되고 있다.

빛나는 애기장대를 개발하겠다는 내용을 담은 홍보 동영상(왼쪽)과 후원자들에게 제공할 물품의 일부(오른쪽)가 킥스타터 홈페이지에 소개되었다.

설명이 이어졌다.

프로젝트팀의 모금 목표액은 6만 5000달러였으며, 개인별로 40달러 이상 지원해달라는 요청이었다. 반응은 놀라웠다. 공고 한 시간 만에 목표액의 20퍼센트가 달성되었고, 3일째 목표액이 모두 모금되었다. 공고 만료일인 6월 7일까지 모금된 액수는 약 48만 4000달러였고, 후원자 수는 8433명이었다.

생명공학계에서 유전자변형 생명체의 개발은 흔한 일이었다. 하지만 이번 프로젝트가 새롭게 주목을 받은 이유는 세 명의 인물이 대학이나 기업 연구소 같은 제도권 연구기관에 소속되지 않았다는 점이었다.[28] 프로젝트 대표인 앤터니 에번스는 MBA를 취득한 샌프란시스코의 기술경영인 출신으로 케임브리지대학에서 수학 석사학위를 받았다. 또 다른 인물인 옴리 아미라브-드로리는 이스라엘 텔아비브대학에서 생화학 박사학위를 받았으며, 당시 캘리포니아 주 버클리에 합성 생물학 소프트웨어 회사인 게놈 컴파일러Genome Complier의 대표를 맡고 있었다. 그리고 실질적인 실험을 수행하는 카일 테일러는 아이오 아주립대학에서 농업화학을 전공한 뒤 스탠퍼드대학에서 식물병리학 분야로 박사학위를 받은 전문 생명공학자이며, 직업은 고등학교 과학 교사였다.

테일러는 박사과정을 밟던 시절 향후 자신이 틀에 박힌 진로를 걷게 될 것이라는 점이 불만스러웠다. 자신이 흥미로워하는 연구보다는 펀드를 제공하는 제도권 기관이 요구하는 연구를 수행하는 일이 무척 지루하게 느껴졌다. 그는 박사후과정연구원을 거쳐 적당한 연구소에 취직하고 싶지 않아 새로운 진로를 모색하기 시작했다. 그러던 중 바이오해커 집단인 BioCurious를 우연히 접하고는 자유분방하게 흥미로운 연구 주제를 토의하는 분위기에 매료돼 여기서 활동을 시작했다. 자신만의 시간을 확보하기 위해 일부러 고등학교 교사직을 선택해, 낮에는 학교에서 생물학과 화학을 가르치고 밤에는 BioCurious에서 뜻이 맞는 동료들과 토론하며 연구 주제를 탐구했다.

테일러는 한편으로 연구 성과의 상업화에 큰 관심을 갖고 있었다. BioCurious에서 쏟아져나오는 흥미로운 아이디어들이 실현되면 자신이 실리콘밸리에서 또 하나의 성공신화를 이룰 수 있다고 생각했다. 그에게 구체적인 실천 전략을 제시한 인물이 에번스와 아미라브-드로리였다. 이들은 기업가를 위해 미래기술을 소개하는 싱귤래러티대학Singularity University의 프로그램에서 만나 생명공학 분야에서 전망이 있는 주제가 무엇인지에 대해 긴밀히 토론했다. 이 과정에서 이들은 빛을 내는 가로수가 개발되면 사람들이 열광할 것이라는 결론에 이르렀고, BioCurious에서 비슷한 주제로 연구에 몰두하고 있던 전문가인 테일러를 만나 사업 아이디어를 제안했다.

프로젝트의 단기적 목표는 2014년 5월까지 빛나는 애기장대를 개발해 그 종자를 후원자들에게 배포하는 것이었다. 그리고 장기적 목표는 빛나는 애기장대를 계기로 발광식물 분야의 시장을 개척하는 일이다.

바이오해커 집단의 활동 현황

발광식물 프로젝트를 출범시킨 산실은 BioCurious였다. 이곳에서는 몇 년 전부터 생물체의 발광 현상에 대해 강한 호기심을 가진 바이오해커들이 모여 일명 '생물발광 프로젝트Bioluminescence Project'를 추진하고 있었다.[29] 생물발광이란 생명체 내 유기화합물이 산화될 때 방출되는 에너지가 빛의 형태로 표출되는 현상을 의미한다. 발광생물에는 별도의 발광기관을 갖춘 개똥벌레나 반딧불이 그리고 발광기관 없이 빛을 내는 미생물이 있다. 모두 공통적으로 루시페린luciferin이라는 발광물질을 갖고 있으며, 루시페린이 산화하는 데 관여하는 효소는 루시페라아제luciferase다.

생물발광 프로젝트는 2011년 패트릭 대슬레어가 BioCurious에 합류하면서 본격적으로 시작되었다. 당시 대슬레어는 캘리포니아 주 로런스 리브모어 국립연구소Lawrence Livermore National Laboratory와 미국 에너지국 산하 생물에너지연구소BioEnergy Institute에서 생물정보학 분야의 전문가로 활동하고 있었다. 2010년 BioCurious 회원들은 대슬레어에게 DNA 염기서열 데이터를 처리하는 방법을 가르쳐달라고 요청했다. 대슬레어는 BioCurious가 지적 호기심으로 뭉친 아마추어 과학자들의 모임이라는 점에 호감을 갖고 기꺼이 요청에 응하면서 함께 정기적으로 회의와 연구를 진행했다. 대슬레어 자신은 박테리아를 배양하고 DNA를 추출하는 일에 초보자였으나 1년 만에 식물의 특정 효소 유전자를 분석하고 토양 박테리아의 게놈 지도를 작성하는 수준의 전문가로 성장했다.

대슬레어가 합류하기 전 BioCurious의 주요 관심 대상은 아쿠아포닉aquaponic이었다. 아쿠아포닉은 어류양식aquaculture과 수경재배hydroponics의 합성어로, 어류와 농산물을 식량원으로 동시에 얻는 시스템을 의미한다.* 아쿠아포닉은 전 세계 아마추어 과학자들로부터 많은 관심을 받아온 분야였다. 당시 BioCurious은 수조에서 해조류가 잘 자랄 수 있는 방법을 모색하던 중 바다에 사는 조류algae의 일종인 쌍편모조류dinoflagellate를 주목하기 시작했다. 쌍편모조류가 포함된 생물반응기에서 빛, 온도, 수소이온농도지수pH, 이산화탄소 등을 적절히 조절하면 해조류가 잘 성장한다는 사실을 경험적으로 확인했기 때문이었다. 이들 요소 가운데 특히 빛이 중요했기 때문에 적절한 광생물반응기photobioreactor를 만드는 일이 현안으로 떠올랐고, 회원들은 제각기의 의견을 제시하면서 정보를 활발하게 교환하기 시작했다.

● 아쿠아포닉은 수조에서 어류의 배설물이나 음식물 찌꺼기에 포함된 질소와 비타민 성분을 식물에게 공급하고, 식물은 수조에 유입되는 물을 정화하도록 고안된 시스템이다. 시스템 내 생물반응기bioreactor에서는 두 종류의 박테리아(Nitrosomonas, Nitrobacter)가 배설물에 포함한 암모니아를 아질산염, 질산염으로 연쇄적으로 변화시키는데, 식물에게 필요한 질소는 질산염에서 공급된다. 아쿠아포닉은 화학비료나 농약 등을 사용하지 않기 때문에 친환경 식량 공급원으로 관심을 끌고 있다.

이 과정에서 생물발광 프로젝트가 도출된 것은 바이오해커 집단의 자유로운 지적 호기심이 발동한 결과였다. 일부 회원이 쌍편모조류의 다양한 종류가 빛을 내는 특성을 갖는다는 사실에 관심을 집중한 것이다. 이후 자연스럽게 몇몇 소그룹이 아쿠아포닉과는 별도로 생물발광 현상에 대한 관심을 갖기 시작했으며, 이 시점에 대슬레어가 합류한 것이다.

생물발광 프로젝트는 세 가지 소주제로 나뉘어 진행되어왔다(bkocurious.org/projects/bioluminescence). 첫째, 자연세계에서 벌어

제2부 바이오해커 집단의 프로젝트 사례

지는 생물발광에 대한 기초적인 주제를 탐구하는 일이다. 어두운 곳에서 발광하는 생명체의 종류, 발광의 원인, 발광 지속 기간, 실험실에서 발광 생명체를 배양하고 관찰하는 방법 등이 탐구 대상이다. 둘째, 발광 유전자를 찾아 추출한 뒤 그 발광 효과를 강화하고, 다른 종에 삽입하는 연구다. 셋째, 예술 분야와의 접목을 시도하는 것으로, 가령 쌍편모조류가 바다에서 발광하는 현상을 시각화하고 이를 음악과 조화를 이루도록 묘사하는 일이다. 테일러가 킥스타터에서 출범시킨 발광식물 프로젝트는 이 가운데 두 번째 소주제가 발전한 형태다.

테일러는 쌍편모조류에 비해 좀더 다루기 쉬운 박테리아에 관심을 갖기 시작했다.[30] 루시페라아제를 사용해 빛을 발하는 박테리아를 만들 수 있도록, 발광 박테리아의 해당 유전자에 대한 학습과 실험을 진행했다. 회원들에게 분자생물학의 내용을 강의하는 한편, 박테리아의 발광 유전자를 대장균, 조류, 애기장대 등의 생명체에 삽입하는 일에 매달렸다. 웹사이트에 명시된 당시 프로젝트의 목표는 "루시페라아제를 이용한 생물발광 생산을 목표로 하는 세포배양 해킹"을 하는 것이었다. 그는 이 과정에서 특정 유전자를 손쉽게 합성하고 그 정보를 공개하는 합성생물학 분야에 관심을 갖기 시작했다. 조류의 성장 조건 탐색에서 출발해 빠른 시간 안에 발광 유전자 합성으로 연구 주제가 변모한 것이다. 별다른 제약 없이 자신만의 아이디어와 실험을 자유롭게 추구하는 바이오해커 집단이었기 때문에 이 같은 신속한 변화가 가능했다.

사실 발광 유전자를 생명체에 삽입하는 일 자체는 오랫동안 제도권 연구자들에 의해 수행되어왔다. 하지만 그 주된 이유는 원하는 유전자가 생명체에 잘 삽입되었는지 확인하는 수단을 확보하기 위한 것이었다. 제도권 연구자들은 주로 해파리에서 녹색형광단백질Green Fluorescent Protein을 만드는 유전자를 추출해 원하는 삽입 유전자에 부착하고, 유전자변형 생명체에 자외선을 쪼였을 때 빛이 나오면 해당 유전자가 정상적으로 삽입되었음을 확인하는 방식을 활용해왔다. 이미 원숭이, 고양이, 돼지, 개 등 많은 동물에서 유사한 실험이 성공적으로 수행되었다. 다른 한편으로는 발광 메커니즘을 규명하는 기초연구 차원에서 식물에 발광 유전자를 삽입하는 연구가 수행된 바 있다. 예를 들어 1986년 11월 캘리포니아주립대학 샌디에이고캠퍼스 연구진은 반딧불이의 루시페라아제를 삽입한 담배를 개발한 연구 결과를 『사이언스』에 발표했다. 당시 연구 결과에 따르면, 유전자변형 담배에 루시페린을 뿌리면 일시적으로 청녹색 빛이 나오는 현상이 관찰되었다.

하지만 제도권 연구자들에게 발광 유전자변형 생명체를 만드는 일 자체는 연구의 최종 목표가 아니었다. 더욱이 자외선이나 루시페린을 처리하지 않고 스스로 빛을 내는 식물을 개발하는 일은 개인적인 지적 호기심이나 벤처정신이 없이는 특별히 추구될 만한 사안이 아니었다.

실제로 스스로 빛을 내는 생명체를 만든 연구는 벤처회사를 설립한 한 연구자에 의해 처음 시도되었다. 2010년 11월 알렉산더 크리체프스키는 담배에 해양 미생물Photobacterium leiognathi의 발광 유전자를 삽입해 맨눈으로 빛을 관찰할 수 있는 발광식물을 학술지에 발표한 바 있다.[31] 분자생물학 박사와 MBA를 취득한 경력의 크리체프스키는 발표 당시 뉴욕주립대학 스토니브룩캠퍼스에서 생화학 및 세포생물학과 교수로 재직 중이었으며, 동시에 해양 발광미생물과 식물 분자생물학을 접목시키는 아이디어를 상업적으로 실현하기 위해 기

술경영인 탈 아이델버그와 공동으로 미주리 주에 바이오글로Bioglow
라는 벤처회사를 설립한 상황이었다.* 당시 개
발된 유전자변형 담배는 루시페라아제와 루시
페린이 함께 삽입된 형태였으며, 어둠 속에서
희미하게나마 빛을 발하는 시간은 5~10분 정도에 그쳤다.

* 크리체프스키는 당시 논문에 자신이 바이오글로 소속이라는 점을 밝혔다.

　BioCurious의 테일러는 크리체프스키의 연구 결과를 접하면서 발
광식물이 현실적으로 개발될 수 있다는 사실에 흥미를 느꼈다. 그는
크리체프스키의 성과를 넘어 살아 있는 동안 빛을 발하는 식물을 개
발하는 방법을 모색하기 시작했다. 킥스타터 홈페이지에 따르면, 이
과정에서 테일러의 아이디어를 구체적으로 실현시킬 수 있는 단서는
아이젬 대회에서 제공되었다. 바로 2010년 영국 케임브리지대학 참가
팀이 수행한 'E. glowli 프로젝트'의 결과물이었다.

　케임브리지대학 참가팀은 반딧불이에 존재하는 루시페라아제와
루시페린의 유전자를 부품으로 삼아 시스템을 구성하고, 이를 대장
균에 삽입해 다채로운 빛을 발하는 유전자변형 대장균을 개발했다
(2010.igem.org/Team:Cambridge/Bioluminescence). 참가팀은 발광 작
용을 지속시키기 위해 제도권 학계의 연구 성과를 참조해 새로운 시
스템을 구상했다. 반딧불이에서 루시페라아제 외에 발광에 관여하는
또 다른 효소(LRE, Luciferin-Regenerating Enzyme)의 존재가 2001년
규명된 적이 있다. 반딧불이 체내에서 루시페린의 산화가 진행될수록
발광 현상은 줄어들 텐데, LRE는 산화된 루시페린을 원래 상태의 루
시페린으로 돌려놓음으로써 반딧불이의 발광 현상을 지속시키는 역
할을 수행한다. 당시 아이젬 대회의 표준생물학부품목록에는 미국산
반딧불이의 LRE에 대한 유전정보가 등록되어 있었다. 참가팀은 우선
이 부품의 기능을 향상시키겠다는 목표를 세웠다. 구체적으로는 대장

균에서 루시페린과 루시페라아제의 생성 속도를 증가시키기 위해 반딧불이의 해당 DNA 상태를 최적화시키고, 루시페린과 루시페라아제 간 결합력을 증가시켜 빛의 강도를 높이며, 루시페라아제와 LRE를 동시에 발현시킴으로써 빛이 발하는 기간을 늘리는 방식을 모색했다.

대장균이 다채로운 빛을 발하게 하는 연구는 일본산 반딧불이의 유전자를 활용함으로써 실현되었다. 그동안 학계에서는 일본산 반딧불이가 나무에서 집단을 이루어 녹색을 띠며 지속적으로 깜빡거린다는 사실이 보고된 바 있다. 일본의 어부들은 이 빛을 보고 육지에 가까워졌다는 사실을 감지할 수 있었다. 케임브리지대학 참가팀은 일본산 반딧불이로부터 루시페라아제와 LRE를 추출하고 여기에 다양한 돌연변이를 일으켰다. 단백질을 구성하는 기본 단위인 아미노산의 일부 순서를 바꾸면 빛의 파장이 변화한다는 이전의 학계 보고에서 아이디어를 얻었다. 그 결과 참가팀은 녹색, 노랑, 빨강, 주홍, 오렌지 등 다섯 가지 색을 띠게 만드는 돌연변이 루시페라아제를 만드는 데 성공했다. 이후 참가팀은 다섯 개 돌연변이 유전자에 대한 부품을 비롯해 발광 대장균 개발에 관련된 20개의 부품을 새롭게 표준생물학부품목록에 등록했다.

테일러는 이 부품들을 식물에 삽입하면 지속적으로 빛을 내는 유전자변형 식물이 개발될 수 있다고 확신했다. 누구나 접근과 사용이 가능한 아이젬 대회의 결과물이 한 바이오해커의 아이디어를 구체적으로 실현시켜줄 수 있는 중요한 수단으로 작용한 것이다.

필요한 유전정보가 확보된 이상 발광식물 프로젝트팀에게 장비와 지적 능력의 확보는 별다른 문제가 되지 않았다. 주요 장비로 팀원 아미라브–드로리가 운영하는 게놈 컴파일러의 최신 소프트웨어와 레이저프린터를 활용할 계획이다. 이 회사는 소프트웨어를 활용해 루시페린과 관련 효소들이 종합적으로 구성된 회로를 설계하고, 이를 실물로 프린트하는 시스템을 갖추고 있다. 프린트 비용은 염기쌍 당 최소 25센트가 소요되는데, 발광 관련 유전자들에 다양한 프로모터를 연결해 그 기능을 시험해보기 위해서는 실제 유전자 염기서열의 수에 비해 훨씬 많은 수를 프린트해야 한다.

설계와 구현을 마친 유전자를 식물에 삽입하는 과정은 식물병리학자인 테일러에게 익숙한 일이다. 외래 유전자를 식물에 삽입하는 일반적인 방법으로 아그로박테리움Agrobacterium법, 입자총particle gun 방식, 원형질세포Protoplast fusion법 등이 있는데, 이 가운데 아그로박테리움법이 가장 흔하게 사용된다.• 발광식물 프로젝트팀은 우선 아그로박테리움법을 사용해 유전자변형 애기장대를 만들 계획이다. 이후 성공적으로 발광 애기장대가 만들어지면 이번에는 해당 유전자를 입자총 방식으로 식물에 삽입해 대량생산을 도모하려고 한다. 입자총 방식은 아그로박테리움법에 비해 성공률이 낮고 좀더 복잡한 과정을 필요로 하지만 안전성 이슈와 관련하여 정부의 규제를 피할 수 있기 때문에 선택되었다.••

프로젝트 진행에 필요한 자금은 크라우드 펀딩을 통해 성공적으로 확보되었다. 사실 바이오해커 집단이 직면하고 있는 가장 큰 문제 가운데 하나는 연구자금 부족이다.[32] 비록 관련 실험 장비 가격이 저렴해지고 있지만, 실험실을 운영하려면 일정한 자금이 안정적으로 제공되어야 한다.

2012년 12월 13일 유전학과 생물정보학을 전공하는 박사과정 학

• 아그로박테리움은 식물에 기생하는 병균의 일종이다. 이 균은 플라스미드의 일부 유전자를 식물 핵 속으로 주입시켜 근두암종병이라는 질병을 유발한다. 아그로박테리움법은 플라스미드에 원하는 유전자를 삽입하고, 이를 아그로박테리움에 집어넣음으로써 아그로박테리움을 숙주에 감염시키는 방식을 의미한다. 입자총 방식은 금속 미립자 표면에 외래 유전자가 삽입된 플라스미드를 묻힌 뒤 이를 식물 종자에 고압으로 밀어넣는 방식이다. 원형질세포법은 식물 세포 주위를 둘러싸고 있는 세포벽을 효소나 화학물질로 제거해 외래 유전자의 삽입이 용이하게 만드는 방법이다.

•• 프로젝트팀이 미국 정부의 규제를 피하기 위해 입자총 방식을 선택한 이유에 대해서는 제3부 제8장에서 소개한다.

생 레이나 스탬볼리스카는 미국 뉴욕 주 록펠러대학에서 열린 한 행사[***]에서 바이오해커 집단의 자금 확보 방식을 종합적으로 소개한 바 있다.[33] 첫째, 회원들의 회비로 충당하는 방식이다. 실제로 많은 바이오해커 집단이 회원들의 정규 회비 또는 자발적 기부에 의존하고 있다. 가령 BioCurious는 매달 100달러 이상의 회비를 거둬 비교적

●●● 행사명은 'SpotOn NYC: DIY science'였는데, 'SpotOn'은 'Science policy, outreach and tools Online'의 약자다. 이는 네이처 퍼블리싱 그룹NPG이 2007년부터 운영하는 온라인상의 자유로운 과학 토론 공간으로, 매년 정기적으로 이틀간 영국 런던에서 공식 회의(Science Online London)가 개최되고 있고 매달 뉴욕 주에서도 토론회가 개최된다.

여유롭게 연구를 진행하고 있다. 그러나 이 정도의 회비를 내는 사람들은 어느 정도 분자생물학 지식을 갖추고 있어 곧바로 개인 실험을 수행할 수 있는 경우에 한하기 때문에 초보자가 여기에 참여하기에는 한계가 있다. 둘째, 별도의 서비스를 제공해 비용을 얻는 방법이다. 예를 들어 GenSpace의 경우 생물학 지식이 없는 일반인을 대상으로 교육과 워크숍을 정기적으로 개최해 참가비를 받고 있다. 하지만 자신만의 구체적 실험 단계에 들어서면 개인이 비용을 감당할 수밖에 없다. 셋째, 다양한 기관으로부터 보조금을 받는 방식이다. 한 가지 사례로 영국의 매드랩은 IT 분야의 해커, 예술가, 혁신가 등 다양한 구성원이 모여 있는 단체인데, 최근 생명공학 분야에서 프로젝트를 시작하면서 맨체스터 메트로폴리탄대학과 웰컴트러스트재단으로부터 보조금을 받았다. 이런 사례는 현실에서 드물기도 하지만, 보조금을 제공하는 기관을 의식해 연구 주제 설정에 제약이 가해질 수 있고, 연구 자체보다 제안서 작성과 로비 활동에 많은 시간이 할애될 수 있다는 단점이 있다. 제도권 연구자들이 현실적으로 겪는 어려움이 유사하게 재현될 수 있다는 의미다. 넷째, 아예 처음부터 벤처회사를 설립함으로써 투자자를 모집하는 방식이다. 그러나 바이오해커가 상업적으로 적극 나서는 모습이 바람직한 것인가에 대해서는 바이오

해커 집단 내부에서도 의견이 갈리고 있다.

이들 방식에 비해 크라우드 펀딩을 통한 자금 확보 방식은 아직까지 별다른 한계점이 드러난 바가 없다. 킥스타터나 인디고고indiegogo. com* 같이 일반인에게 잘 알려진 펀딩 사이트를 활용해서 이미 연구비 확보에 성공한 사례들이 여럿 존재한다.** 실제로 크라우드 펀딩은 바이오해커 집단에게 자금 확보를 위한 혁신적인 방법으로 인식되고 있다.[34]

대중의 적극적인 참여

발광식물 프로젝트팀이 약속한 프로젝트 만료시점은 2014년 5월이었다. 그런데 이보다 5개월 앞선 2013년 12월 다른 곳에서 동일한 프로젝트를 완료했다는 소식이 전해졌다. 그 주인공은 2010년 11월 5~10분간 빛나는 담배를 개발했던 크리체프스키의 회사 바이오글로였다([그림 7] 참조).

바이오글로는 담배의 일종인 알라타 꽃담배Nicotiana alata***의 엽록체에 해양 미생물의 발광 유전자를 스스로 빛을 발하도록 만들었다. 회사 측은 이 식물의 상품명을 '별빛 아바타Starlight Avatar™'라고 지었다. 여기서 별빛은 이 식물이 발하는 빛의 세기가 별빛 정도라

* 인디고고는 킥스타터와 달리 목표액이 기한 내에 달성되지 않아도 제안자가 모금액을 가져갈 수 있으며, 비영리 목적의 아이템이 많은 편이다.

** 하지만 크라우드 펀딩에 성공한 사람들이 벤처회사 창업을 하는 경우가 종종 있기 때문에 바이오해커 집단의 크라우드 펀딩을 상업화와 구분해 파악하기에는 무리가 있다. 예를 들어 크라우드 펀딩에 성공해 상업화까지 이른 OpenPCR의 사례를 살펴보자(http://openpcr.org). 스스로를 캘리포니아 주의 바이오해커라고 소개하는 티토 쟁코스키와 조시 퍼페토는 2010년 6월 8일부터 7월 23일까지 44일간 킥스타터에서 누구나 손쉽게 사용할 수 있는 PCR을 개발하겠다고 공고하고 후원자를 모집했다. 쟁코스키는 2009년 아이젬 대회의 심사자로 참여한 바 있고 BioCurious의 간사로 활동하고 있었다. 퍼페토는 광합성을 통해 생체연료를 만드는 미생물 합성 연구에 참여한 경력이 있었다. 이들의 목표액 6000달러는 10일 만에 달성되었으며, 총 158명으로부터 1만2121달러가 확보되었다. 당시 홍보문에는 PCR 가격이 4000~1만 달러에 이르기 때문에 생명공학 분야에서 스티브 잡스나 빌 게이츠가 나올 수 없다는 설명이 나온다. 이들은 OpenPCR의 정확도가 1만 달러 PCR 수준이라고 주장했다. OpenPCR은 크기가 25×13×20센티미터, 무게가 3.5킬로그램으로, 컴퓨터에 연결해 사용하면 모니터에 실험 결과가 나타난다. 컴퓨터 운영체제는 윈도, 매킨토시, 리눅스에서 모두 활용 가능하다. 여기서 'Open'이란 컴퓨터에 적용된 소프트웨어, CAD 등이 오픈소스라는 의미다. 퍼페토는 이후 벤처회사(Chai Biotechnologies)를 설립해 OpenPCR을 판매하고 있다.

*** 알라타 꽃담배의 원산지는 아메리카 대륙이며, 자랐을 때 길이는 80~150센티미터다. 관상용으로 온실에서 많이 재배된다.

▲ 회사 측에 따르면 별빛 아바타는 섭씨 25~26도에서 자라며, 빛의 강도는 태양빛의 3분의 1 수준인 5000~1만 럭스다.

는 의미에서 붙인 것이며,▲ 아바타는 2009년 개봉한 영화 「아바타」에 등장하는 반짝거리며 빛나는 식물에 빗댄 표현이다. 별빛 아바타는 2010년 시절의 담배와 달리 살아 있는 동안인 2~3개월 내내 빛을 발하도록 개발되었다. 회사 측은 기술이 좀더 축적되면 이 식물이 전깃불을 대신할 수 있는 수준에 이르러 많은 조명기구를 대체할 것으로 전망했다.

바이오글로는 발광식물 프로젝트팀과는 달리 종자를 제공하지 않는다. 대신 어느 정도 자란 식물을 투명한 박스에 넣어 판매한다. 회사 측은 발표 당시 미국인을 대상으로 20그루만 판매할 것이며, 가격을 따로 정하지 않고 1달러에서 시작해 1달러씩 추가하는 방식으로 경매에 붙인다고 밝혔다. 회사 홈페이지에 따르면, 경매 결과는 회사 측의 기대를 훨씬 뛰어넘었다고 한다. 수천 명의 미국인이 경매에 참여했으며, 경매 가격은 식물 한 그루당 최대 800달러까지 상승했다. 참가자들이 제시한 평균 가격은 300달러였다. 회사 측은 2014년 5월

[그림 7] 바이오글로가 개발한 발광 담배

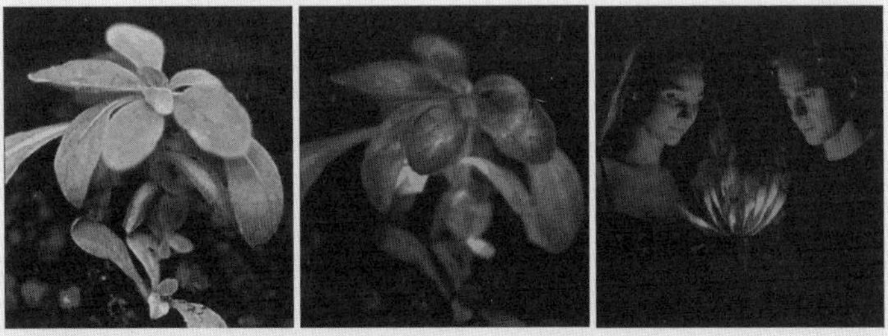

바이오글로가 개발한 유전자변형 알라타 꽃담배가 밝을 때와 어두울 때를 비교한 모습(왼쪽과 중간 사진)과 홍보용으로 제작한 사진(오른쪽).

(출처: bioglowtech.com)

기존보다 훨씬 밝게 빛나는 개체를 개발하는 데 성공했다고 선전하기도 했다.

2014년 12월 현재 발광식물 프로젝트의 연구, 즉 빛나는 애기장대의 개발이 성공할지 여부는 명확히 판단할 수 없다. 홈페이지에 따르면 2014년 중반경 후원자 수백 명을 모아 20초 정도 빛나는 애기장대를 직접 보여준 행사가 개최되었다. 하지만 주최 측의 호언장담에도 불구하고 후원자들에게 얼마나 오랫동안 빛나는 애기장대를 보내줄 수 있을지는 판단하기 어렵다. 다만 별빛 아바타의 등장으로 발광식물 프로젝트팀은 일생 발광식물 개발 부문에서 '최초'라는 타이틀을 빼앗긴 것은 확실하다.

하지만 발광식물 프로젝트의 성과에 대한 평가는 단지 빛나는 애기장대의 개발 여부에 그칠 수 없다. 이 프로젝트는 향후 바이오해커 집단이 크라우드 펀딩을 통해 안정된 연구자금을 확보할 수 있는 가능성을 제시했다는 점에서 의미가 크다. 즉 바이오해커 자신의 자유로운 문제의식과 대중의 흥미가 일치하는 지점에서 연구 주제가 선정되면 일반 대중이 기꺼이 자금을 제공해줄 수 있다는 사실이 확인된 것이다.

보통 크라우드 펀딩은 일반 소비자를 적극적인 후원 집단으로 전환시키는 특성을 갖고 있다.[35] 즉 웹사이트를 통해 후원자들에게 제품의 개발 진행 상황을 지속적으로 알려주고, 후원자들은 토론을 통해 여러 아이디어를 개발자에게 전달한다. 이 과정은 후원자의 프로젝트 참여의식을 높이는 한편 후원자 스스로를 제품을 적극 홍보하는 주체로 변모시킨다. 발광식물 프로젝트는 킥스타터 홈페이지를 통해 지속적으로 연구 진행 상황을 알리면서 이 같은 효과를 누리고 있다.

프로젝트 후원자에 대한 보상으로 애기장대 종자는 물론 일반인의 호기심을 자극할 만한 여러 서비스 품목이 주어진다. 40달러를 낸 후원자에게는 종자 100개가 제공되고, 65달러와 80달러 후원자에게는 전구를 거꾸로 세운 모습의 투명한 꽃병을 추가로 선사한다. 500달러 후원자에게는 후원자가 원하는 메시지를 140개 알파벳으로 새긴 DNA 샘플을 유리병에 담아 제공한다. 가령 "I LOVE YOU"라는 말을 네 개의 염기(A,G,C,T)로 바꾼 뒤 이 표현이 새겨진 DNA를 만들어준다는 것이다. 이 표현이 맨눈에는 보일 리 없지만 사랑하는 사람에게 마음을 표현할 수 있는 근사한 선물이 될 수 있다는 게 프로젝트팀의 설명이다. 1000달러 후원자에게는 30개 알파벳으로 표현된 메시지를 아예 애기장대 종자 안에 삽입해 제공할 것이라고 한다.

프로젝트팀은 대중의 큰 호응을 감지하고는 펀딩 마감 뒤 추가로 수요자를 모집하는 공고를 냈다. 또한 2015년에는 발광 장미를 150달러에 판매하겠다며 새로운 상품의 출시도 예고했다. 모금 목표액은 40만 달러였다. 그런데 놀랍게도 2014년 12월에 이미 목표액이 달성되었다.

발광식물 프로젝트가 거둔 또 하나의 성과는 오픈소스 정신의 확산이다. 유전자변형 애기장대를 누구나 직접 만들 수 있도록 상세한 실험 방법을 알려줄 예정이기 때문이다. 예를 들어 90달러 후원자에게는 제작 매뉴얼이 배포되며, 250달러 후원자에게는 박테리아 배양액, 발광 유전자, 자연산 애기장대 종자 등 세세한 실험 재료가 모두 담긴 제작키트가 제공된다.

2014년 1월 15일 킥스타터의 프로젝트 코멘트 코너에서는 후원자 가운데 한 명이 별빛 아바타의 개발 소식을 전하며, 이것이 프로젝트팀이 만들려는 애기장대와 어떻게 다른지에 대해 질문을 던졌다. 이에 에번스는 "가장 큰 차이점은 우리의 프로젝트 결과물은 오픈소스

가 될 것이고, 저쪽은 제한된 라이선스를 표방할 것이라는 점"이라고
답변했다.

크라우드 펀딩을 통한 프로젝트는 제도권 연구에 비해 실패한다 해
도 큰 부담이 없다. 실험에 실패했을 때 위약금을 무는 등의 보상을
한다는 의무규정이 없기 때문이다. 더욱이 프로젝트팀은 킥스타터에
이 실험이 실패할 수 있다는 점도 명시했다. 실험 과정에서 예상치 못
한 상황이 상당수 벌어질 수 있고 정부의 규제가 어떻게 바뀔지 모른
다는 이유에서였다.

05.

오픈소스 하드웨어와의 만남,
3D 바이오 프린터 프로젝트

생명체를 제작하는 바이오 프린팅

2014년 2월 현재 BioCurious는 생물발광 프로젝트와 함께 또 하나의 흥미로운 프로젝트를 수행하고 있다. 바로 세포를 재료로 삼아 생체요소를 입체적으로 만들어내는 장치를 개발하는 바이오 프린터 프로젝트BioPrinter Community Project다. 바이오 프린터는 최근 세계 제조업계에 거대한 열풍을 낳고 있는 3D 프린터의 한 종류다.

3D 프린터는 1980년대 말 미국 3D 시스템스가 첫 제품을 출시한 이후 지난 30여 년간 급속히 개발되어왔다.[36] 그 주된 용도는 산업체에서의 활용이었는데, 2008년까지 3만2000대 이상이 판매된 것으로 추정된다. 2009년부터는 일반인이 사용할 수 있는 제품의 개발이 본격화되어, 2010년 한 해 가정용 3D 프린터가 6000여 대 팔렸다. 가격은 평균 1000달러가 넘는 수준으로 아직까지는 비싼 편이지만, 꾸준히 하락할 전망이다.

BioCurious의 바이오 프린터 제작 활동을 이해하기 위해 먼저 3D

프린터의 일반적인 작동 원리를 살펴보자. 3D 프린트가 작동하는 방식은 한마디로 '적층 가공additive manufacturing'으로 표현할 수 있다.[37] 적층 가공을 실현하는 방법에는 두 가지가 있다. 하나는 사용자가 원하는 3차원 물체를 만들기 위해 재료를 층층이 쌓아올리는 선택적 증착 방식selective deposition으로, 가정용이나 사무용으로 사용되는 대부분의 프린터에 적용되고 있다. 또 한 가지는 레이저나 접착제를 사용해 재료를 다양하게 결합시키는 선택적 결합 방식selective binding 이다. 3D 프린터가 갖춘 기계적 요소를 간략하게 파악하기 위해 선택적 증착 방식으로 사용되는 프린터의 사례를 소개해보겠다.

먼저 3D 프린터의 골격을 구성하는 하드웨어적 요소를 살펴보자. 기계 본체, 재료를 분출하는 압출기, 이 압출기를 XYZ 3차원 방향으로 움직이게 하는 기중기 모양의 구조물이 하드웨어적 요소다. 재료의 경우, 현재 대부분의 산업용 3D 프린터에는 플라스틱을 사용한다.[38] 플라스틱에는 열을 가하면 잘 녹으면서 내부 구성이 변하지 않기 때문에 굳은 뒤에도 여러 번 녹여서 쓸 수 있는 열가소성 플라스틱, 열을 가하면 단단한 고체가 되지만 내부 구성이 변해 녹여서 다시 쓸 수 없는 열경화성 플라스틱이 있다. 그런데 최근에는 재료의 종류가 다양해져 산업계에서는 강철, 티타늄, 텅스텐 등의 단단한 금속 그리고 심지어 유리까지 사용되고 있다. 가정용 프린터는 대부분 레고 블록의 재료와 동일한 ABS라는 열가소성 재료가 사용되고 있지만, 최근에는 금속 분말이 혼합된 젤을 사용하는 수준까지 도달했다.*

다음으로 소프트웨어적 요소를 보면, 3D 프린터에는 물체를 어떻게 프린팅할지 명령을 내리는 소프트웨어(펌웨어)가 내장되어 있다.[39] 사용자가 펌웨어에게 명령을 내리기 위해서는 프린터에 연결된 개인 컴

* 3D 프린터를 사용할 때 가장 많은 비용이 소요되는 부분이 재료다. 3D 프린터 제조사는 프린터를 판매할 때 주로 재료를 독점적으로 공급하는 방식으로 수익을 얻는다.

** 디자인 파일은 특수한 포맷으로 저장되는데, 현재는 주로 확장자가 STL, Standard Tessellation Language인 파일이 표준으로 사용된다.

퓨터에서 만들고 싶은 물체의 내용이 담긴 디자인 파일을 실행해야 한다.** 디자인 파일을 만들려면 기본적으로 CADComputer Aided Design 소프트웨어를 활용해야 한다.[40] 하지만 초보자의 경우 구글 스케치업Google SketchUp, 블렌더Blender 등 무료 소프트웨어로 간편하게 3D 모델링이 가능하다. 디자인에 자신이 없다면 이미 다른 사람이 만든 3D 모델을 사용할 수 있도록 도와주는 인터넷 사이트가 많이 있으니 하나를 골라 이용하면 된다. 가까운 미래에는 물체의 내부와 외부의 물리적 정보를 감지할 수 있는 디지털 캡처의 시대가 열릴 것으로 예측된다.[41] 그렇다면 별도의 디자인 소프트웨어를 학습하지 않아도, 이 데이터를 약간만 변경시킴으로써 누구나 자신만의 디자인이 가능해질 것으로 전망된다.

바이오 프린팅은 생명체를 구성하는 다양한 물질을 3D 프린터의 재료로 사용해 입체적인 생체요소를 만들어내는 작업을 의미한다. 물론 완전한 생명체를 만들 수는 없다. 대신 인체를 구성하는 각종 장기를 대체하는 재생의학 분야에서 바이오 프린팅이 세계적으로 활발히 시도되고 있다. 재생의학에서 사용되는 핵심 재료는 생명체의 기본 단위인 세포다. 살아 있는 세포를 원하는 형상 또는 패턴으로 쌓아올리면서 조직이나 장기를 제작한다. 근육, 뼈, 신장, 간, 심장판막 등 모든 인체 장기가 연구의 대상이다.[42] 예를 들어 2010년, 미국 샌디에이고 주의 재생의학기업 오가노보Organovo는 호주 멜버른의 엔지니어링 회사 인베테크Invetech와 공동으로 세포로 구성된 바이오 잉크를 이용해 피부나 혈관을 비롯한 장기 일부를 만들 수 있는 3D 바이오 프린터 시제품을 개발했다. 이후 오가노보는 실제 세포로 구성된 간 조직을 제작하는 프린터(노보젠 MMX)를 상용화해 신약 개발 실험용으로 판매하고 있다.

바이오해커 집단은 당연히 3D 바이오 프린터에 관심을 쏟고 있다. 제도권의 재생의학 분야 수준은 아니어도 이 장치를 활용하면 얼마든지 흥미로운 생체요소를 만들어낼 수 있기 때문이다. 그 대표 주자가 BioCurious다.

BioCurious의 홈페이지에는 미국 웨이크포레스트대학 재생의학연구소 앤서니 아탈라 박사가 2011년 TED 강연장에서 자신이 개발한 3D 프린터를 이용해 인간의 신장을 제작하는 모습을 시연하는 동영상이 비중 있게 소개되어 있다.* BioCurious 회원들은 오가노보의 성과와 아탈라의 강연을 예로 들며 3D 바이오 프린터의 자체 개발을 촉구했다. 3D 프린터의 일반적인 제작 및 작동 방법을 습득해 직접 독창적인 프린터를 제작하자는 것이었다. 그 주도자는 생체발광 프로젝트를 이끌고 있는 대슬레어였다.

* 이 강연은 세계적으로 엄청난 반향을 일으켰다. 아탈라 박사가 실제로 강연장에서 인간의 신장을 만들어내는 것으로 청중과 시청자들이 착각했기 때문이다. 하지만 연구는 아직 초기 단계에 불과했다. 아탈라 박사의 시연은 신장세포와 유사한 세포를 이용해 신장 모양의 조직을 만드는 것이었다. 그럼에도 환자 자신의 세포들을 이용해 맞춤형 장기를 제작할 수 있는 가능성을 보여준 것은 분명하다.[43]

아마추어도 간단한 장비로 실험

BioCurious의 바이오 프린터 프로젝트는 아이젬 대회나 발광식물 프로젝트와는 달리 유전자변형 미생물의 제작 자체를 추구하지 않는다. 유전자변형 미생물을 재료로 삼아 새로운 생체 물질을 제작하는 것이 목표다. 따라서 프로젝트에 필요한 주요 정보는 유전자의 염기서열이 아닌 프린터의 작동 원리와 필요한 기계 부품에 대한 정보다. 프로젝트 구성원들은 이 정보를 기존의 오픈소스 하드웨어 제품을 통해 습득하고 있으며,** 프로젝트에 필요한 장비는 오픈소스 제품과 중고 제품을 활용하고 있다. 오픈소스 제품 자체가 아마추어 수준의 지적 능력을 요구하고 있으므로, 하드웨어에 대한 기본적인 지식을 갖추고 있으면 누구나 접근이 가능하다.

대슬레어는 동료들과 함께 아직 3D 수준에는 미치지 못하지만 2D 수준에서 작동하는 바이오 프린터를 개발했다. 2013년 1월 22일 대슬레어는 홈페이지에 자체적으로 개발한 바이오 프린터의 상세한 제작 방법을 소개했다. 일단 이 수준까지 누구나 따라올 수 있게 정보를 제공하고, 이후 한 단계 수준을 높이는 데 필요한 정보를 다른 구성원들로부터 얻기 위해서였다. 바이오 프린터의 종류는 주변에서 흔히 발견되는 잉크젯 프린터다. 잉크젯 프린터는 프린트 헤드가 움직이면서 미세한 잉크 방울을 분사하며 문자나 이미지를 만든다. 대슬레어의 바이오 프린터는 잉크 방울 대신 세포(대장균)를 재료로 삼고, 이를 분사하는 압출기로 잉크 카트리지를 사용한다. 초보자 바이오해커의 입장에서 이 내용을 좇아보자.

첫 번째 단계에서는 잉크젯 프린터를 분해하고 카트리지를 확보한 다음 재료를 장착한다. 흑백용이든 컬러용이든 주변에서 중고 잉크젯 프린터를 구해 카트리지를 분리한다. 이때 잉크를 물로 완전히 제거해야 하는데, 잉크가 남아 있지 않다는 점을 확인하기 위해 몇 차례 프린터를 가동해본다. 카트리지 안에 있는 물은 완전히 말려야 한다.

재료는 BioCurious의 생체발광 프로젝트에서 확보된 유전자변형 대장균이다. 이 대장균은 녹색형광단백질 유전자를 갖고 있는 플라시미드pGLO를 함유하고 있다. 대장균을 배양하는 접시에 필터 종이를 담가놓는다. 다음으로 대장균이 잔뜩 달라붙은 필터 종이에 식물에 존재하는 오탄당의 일종인 아라비노스$C_5H_{10}O_5$ 수용액을 처리한다. 아라비노스에 노출된 대장균은 녹색형광단백질 유전자의 프로모터에 가해진 자극으로 해당 단백질을 만들어낸다.

본격적인 프린트에 앞서 카트리지에서 재료가 잘 분사되는지 시험을 해볼 필요가 있다. 필터 종이를 잉크가 분사되는 필터 부위에 장착한 뒤 프린터를 작동시켜본다. 백색 종이 위에 대장균이 뿌려질 것이다. 여기에 자외선을 쪼이면 녹색으로 빛나는 대장균이 보인다. 해상도가 떨어지는 상황이 종종 관찰되는데, 이는 아라비노스가 필터 종이에서 퍼지는 문제 때문인 듯하다.

두 번째 단계에서는 프린트 기판을 준비한다. 역시 중고 제품을 최대한 활용한다. 우선 중고 CD나 DVD 드라이브를 분해해 스테퍼 모터stepper motor를 찾아야 한다. 보통 드라이브를 분해하면 절반 이상의 모터가 교류DC 모터이며, 이들은 보통 전선 2개로 연결되어 있다. 이에 비해 스테퍼 모터는 전선이 4개로 연결되어 있기 때문에 찾기 쉽다. 스테퍼 모터는 외부의 입력(펄스pulse) 신호에 따라 일정한 각도로 회전운동을 하는 모터를 의미한다. 모터에 부여하는 펄스에 따라 모터의 회전각이 달라지기 때문에 여기에 연결된 부품의 위치가 자동으로 제어될 수 있다. 스테퍼 모터는 교류 모터와는 달리 자신의 위치를 스스로 피드백하며 작동하기 때문에 사용자가 일일이 그 위치를 조정할 필요가 없다. 보통 3D 프린터에서 스테퍼 모터는 4개 정도 사용한다. 압출기를 이동시키는 XY축에 각 1개, Z축에 2개를 설치한다.

프로젝트팀이 확인한 결과 일련번호가 PL15S-020인 스테퍼 모터 제품이 가장 적합해 보인다. 한 회전당 20스텝씩 움직이며, 대략 각 스텝당 150마이크로미터(1마이크로미터는 10^{-6}미터다)씩 레이저 헤드를 이동시킨다.

세 번째 단계에서는 노즐을 교체한다. 프로젝트팀은 현미경으로 잉크 카트리지 아래에 장착된 노즐을 자세히 관찰했다. 세포 크기의 재료를 분출하기에는 노즐이 너무 작다는 문제를 발견했다. 보통 프린터의 해상도 단위를 DPIDots Per Inch로 표현하는데, 1인치(약 2.54센티미터)에 몇 개의 점을 표시할 수 있는지를 의미한다. 그런데 흑백 잉크 카트리지를 확인해보니 해상도가 1200DPI였다. 그렇다면 하나의 점이 차지하는 공간은 21마이크로미터 정도다. 실제로 확인한 결과 노즐의 지름은 23마이크로미터였다. 프로젝트팀이 현재 재료로 사용하는 대장균(1마이크로미터 이하)과 효모(10마이크로미터 이하)는 문제가 없지만, 장차 사용할 인간의 세포는 노즐과 크기가 비슷해 노즐을 빠져나오기가 쉽지 않을 것으로 보였다.

프로젝트팀은 이 문제를 해결하기 위해 오래전에 출시된 300DPI 해상도 수준의 잉크젯 프린터를 사용하는 바이오해커를 찾아냈다. 이 정도의 해상도라면 노즐의 지름이 80마이크로미터 정도이므로 인간의 세포가 통과할 수 있다. 그 바이오해커는 킥스타터에서 펀딩을 진행한 니컬러스 루이스다. 그는 워싱턴대학 기계공학과를 졸업했으며, 일찍부터 바이오해커들에게 잉크젯 플랫폼 기술이 필요하다는 점을 인지하고 있었다.* 킥스타터에 제시된 프린터의 이름은 잉크실드InkShield: An Open Source Inkjet Shield for Arduino였다.**

마지막으로 이상과 같은 장비를 동원해 만든 프린터를 작동시키는 소프트웨어 요소를 확보한다. 이 문제는 현재 세계적으로 활발하게 활용되고 있는 오픈소스 제품인 아르두이

* 루이스는 오픈소스 3D 프린터 프로젝트인 렙랩RepRap 프린터 제작에 참여한 경력이 있다. 렙랩은 Replicating Rapid Prototyper의 약자로, 신속하게 프로토타입을 만들어낸다는 의미다. 렙랩 프린터를 만든 인물은 영국 바스대학의 에이드리언 보이어다. 그는 자신이 발명한 프린터에 대해 특허를 등록하지 않고 오픈소스 라이선스를 주창하면서 프린터의 설계도를 공개했다. 따라서 누구나 설계도를 변경해 새로운 제품을 만들 수 있다.45

** 잉크실드 프로젝트에 대한 펀딩은 킥스타터에서 2011년 9월 1일부터 10월 1일까지 2500달러 확보를 목표로 진행되었다. 그 결과 총 146명의 참여로 8503달러가 확보되었다.

노Arduino가 해결해준다. 2005년 이탈리아의 이베라 디자인 연구소 Design Instituet of Ivera에서 개발한 아르두이노는 하드웨어와 소프트웨어에 대한 전문지식이 부족해도 누구나 원하는 장치를 설계하고 개발할 수 있도록 만든 작은 컴퓨터다.[46] 아르두이노는 하드웨어인 아르두이노 보드, 소프트웨어인 아르두이노 IDEIntegrated Development Environment로 구성된다. 아르두이노 보드는 손바닥만 한 작은 크기로, 주요 구성물은 보드의 심장에 해당하는 마이크로컨트롤러 (ATmega328)와 아날로그/디지털 입출력 핀으로 이루어져 있다. 입력 핀은 키보드 대신 빛, 소리, 온도 등을 감지하는 센서와 연결되고, 출력핀은 모니터 대신 LED, 모터 등과 연결된다. 그리고 IDE는 사용자의 개인 컴퓨터에 설치해 운영하는 프로그램이다. 사용자가 간단한 프로그래밍 언어로 원하는 기능을 수행할 수 있도록 설계(스케치)하고, 그 내용을 마이크로컨트롤러가 이해할 수 있도록 변환(컴파일링) 하는 작업을 수행한다.

백신을 가정에서 직접 제조하는 시대

2013년 초 바이오 프린터의 시제품 개발 소식이 온라인 뉴스를 통해 신속하게 퍼졌다.[47] HP 5150 잉크젯 프린터, 중고 CD 드라이버 등을 활용해 불과 150달러를 들여 바이오 프린터를 개발했다는 소식은 바이오해커 집단뿐 아니라 일반인에게 신선한 충격으로 다가왔다. 당시 (그리고 2015년 5월 현재까지) 개발된 바이오 프린터는 재료를 2D 수준에서 작동하는 것이었지만, 향후 3D 프린터가 선보이는 것은 단지 시간문제로 보였다.

대슬레어가 공개한 바이오 프린터는 형광유전자를 가진 대장균으로 "I 〈3(♥) BIOCURIOUS"라는 문장을 반복적으로 인쇄해냈다([그림 8] 참조). 당시 대슬레어는 향후 바이오해커들이 독특하고 창의적인 아이디어와 기량을 발휘해 바이오 프린터 분야에서 애플이나 마이크로소프트의 창립자가 나올 것이라고 언급했다. 물론 재생의학 전문가들이 추구하는 인체 장기의 제작이 이들의 목표는 아니다. 대슬레어는 이 바이오 프린터를 좀더 개발한다면 여러 흥미로운 제품을 만들 수 있을 것이라고 주장했다. 현재 수준에서도 필터 종이에 대장균 외에 항생물질 또는 호르몬이나 성장인자 같은 단백질을 처리해 프린트할 수 있다. 미래에는 가령 식물세포를 재료로 삼아 광합성을 수행하는 인공 잎을 만드는 일이 가능할 것이다. 생체 물질이 아니어도 현재의 프린터에 블루레이 레이저 커터를 부착하면 다양한 생물실험이 가능한 '칩 위의 미세 공장lab-on-a-chip'도 제작이 가능하다. 당시 대슬레어는 "모든 가능성이 열려 있다. 우리가 원하는 것은 무엇이든 만들 수 있다"며 자신감을 표했다.

[그림 8] BioCurious에서 개발된 바이오 프린터와 프린팅 결과

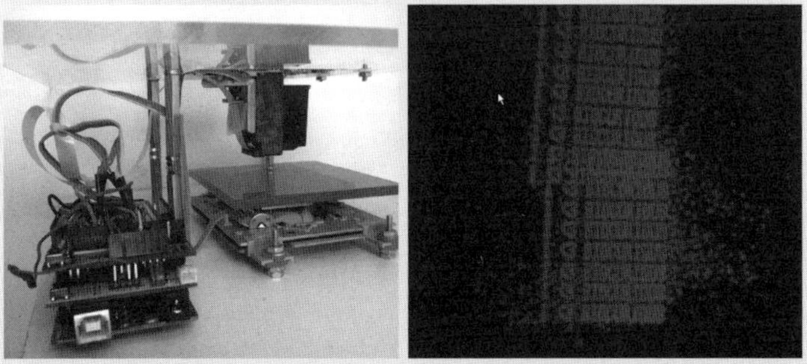

2013년 초 홈페이지에 공개된 바이오 프린터의 시제품(왼쪽). 사진의 왼쪽 부분은 모터 드라이버, 잉크실드 부품, 아르두이노 등이 장착된 판들이고 오른쪽 부분은 프린트 대상이 놓이는 기판이다. 당시 공개된 시제품을 통해 유전자변형 박테리아를 재료로 삼아 글씨를 인쇄했다(오른쪽).

제2부 바이오해커 집단의 프로젝트 사례

BioCurious의 바이오 프린터 프로젝트는 제도권 과학기술계에서 첨단으로 꼽히는 분야를 신속하게 따라가고 있다. 전문가들은 향후 3D 프린터의 수준이 짧은 기간 내에 비약적으로 높아질 것이라고 입을 모은다. 단적으로 "3D 프린팅의 놀라운 점은 이 분야가 빛의 속도보다 빠르게 움직이며 기술적으로 도약하면서 진화하고 있다는 점"[48]이라는 평가가 종종 나오고 있다. 3D 바이오 프린터를 이용한 새로운 연구 성과도 속속 보고되고 있다. 예를 들어 2013년 12월 영국 케임브리지대학 키스 마틴 교수는 쥐의 눈에서 추출한 신경절세포와 신경아교세포를 재료로 삼아 망막 구조물을 프린팅하는 데 성공했다고 학계에 보고했다.[49] 특히 2012년 10월 세계적인 합성생물학자인 크레이그 벤터가 밝힌 3D 바이오 프린터 제조 계획은 학계와 일반인 사이에 충격으로 다가오고 있다.[50] 벤터는 2009년 전 세계를 휩쓴 신종인플루엔자 A(H1N1) 사태 때 3D 바이오 프린터의 제작 아이디어를 얻었다. 당시 미국 정부는 안전 문제를 제기하면서 다른 지역으로 H1N1 샘플이 유출되지 못하도록 했다. 벤터는 만일 전 세계 과학자들에게 샘플이 신속히 전달된다면 치료용 백신 개발 역시 재빨리 이루어질 수 있었을 것이라고 생각했다. 이를 실현시키기 위해 벤터는 H1N1의 유전정보를 전 세계에 인터넷으로 전송하면, 과학자들이 이 정보를 바탕으로 자신의 실험실에서 H1N1을 복원할 수 있는 3D 바이오 프린터를 떠올렸다. 벤터는 프린터 기술의 발달로 장차 일반인이 가정에서 바이러스 치료용 백신 정보를 받아 직접 백신을 제조할 수 있는 시대가 올 것이라고 전망했다. 3D 바이오 프린터에 관한 이상과 같은 사례들은 BioCurious의 바이오 프린터 프로젝트에 많은 영감과 추동력을 제공할 것이다.

바이오 프린터 프로젝트는 기존의 바이오해커 집단의 프로젝트들과 달리 오픈소스 하드웨어를 적극 도입한 사례였다. 이제 바이오해커 집단은 유전정보는 물론 각종 하드웨어를 자유롭게 활용할 수 있는 여건을 갖추고 있는 것이다. 이번 프로젝트의 진행으로 다른 바이오해커 집단들은 오픈소스 하드웨어를 적극 활용할 수 있다는 자신감을 얻게 되었을 것이다. 또한 향후 오픈소스 하드웨어의 급속한 발전은 바이오해커 프로젝트의 성장에 긍정적으로 기여할 것으로 보인다.

한편 바이오 프린터 수준은 아니지만 오픈소스 하드웨어를 표방하는 BioCurious의 연구는 계속 새롭게 추진되고 있다. 2014년에는 일반인이라면 누구라도 따라할 수 있는 '모래시계'의 제작 매뉴얼이 공개되었다. 다만 이 시계 안에는 모래 대신 BioCurious 회원들이 관심을 가져왔던 쌍편모조류를 담는다. 한밤에 스스로 빛을 내며 모래처럼 흘러내리는 시계는 특히 어린이들에게 인기를 끌고 있다.

06.

자신의 몸에 변형 시도,
자가 헬스케어 프로젝트

유전자 구글링

신체의 건강 상태를 스스로 진단하고 몸을 변형시키려고 시도하는 바이오해커 집단이 등장하고 있다. 미생물이나 식물을 다루는 바이오해커 집단처럼 생명체(인간)의 유전자를 변화시키지는 않지만, 자신의 유전정보나 건강정보에 적합한 약물을 스스로 처방하려는 자가 헬스케어 프로젝트의 수가 점차 늘어나고 있다. 이들 프로젝트는 개인 맞춤형 헬스케어를 추구하는 사회적 분위기가 광범위하게 확산되는 과정에서 자연스럽게 형성되어왔다. 그 분위기는 '정량화된(또는 수치화된) 자아quantified self'를 확보하려는 요구에서 비롯되었다.

일반적으로 정량화된 자아는 자신의 운동, 음식, 생활습관 등이 각종 디지털 기기를 통해 수치로 표현된 정보를 의미한다. 이 정보를 활용해 자신의 건강을 수시로 확인함으로써 질병을 예방하고 맞춤형 건강 프로그램을 짤 수 있다. 보통 디지털 기기로 언제 어디서나 질병의 진단, 치료, 사후관리를 받을 수 있는 의료 서비스의 개념을 유헬

• 디지털헬스라는 용어는 2013년 초 미국의 경제지 『포브스』에 의해 올해의 키워드로 선정되고, 미국 내 의료보험 미가입자들에게 의료 혜택을 부여하는 일명 '오바마케어'가 2014년부터 시행되면서 최근 일반인에게 널리 소개되었다. 이 용어는 2000년대 초 인간게놈프로젝트가 완성된 뒤 시작된 헬스케어 3.0 시대를 대표하는 한 가지 개념이다. 헬스케어 패러다임은 1721년 인두접종법 개발로 촉발된 '공중보건의 시대'인 1.0, 1928년 페니실린 발견 이후 발전한 '질병치료의 시대'인 2.0을 거쳤다. 헬스케어 3.0 시대에는 기존의 의료 분야 공급자의 폭이 제약 및 의료기기 회사, 병원 등에서 IT 산업 분야로 확장되었으며, 수요자의 폭도 환자뿐 아니라 건강한 삶을 유지하려는 일반인으로 확대되었다. 이런 의미에서 헬스케어 3.0 패러다임은 '건강수명의 시대'로 요약할 수 있다.54

•• 예를 들어 2012년 선보인 나이키의 퓨얼밴드Fuelband는 운동하며 소모된 칼로리가 LCD 화면에서 바로 확인되며, 이 정보는 나이키 플러스 애플리케이션을 통해 저장된다. 나이키는 최근 스포츠워치 GPS를 출시했는데, 이는 사용자의 모든 활동을 거리로 환산해줌으로써 어떤 코스에서 얼마나 많이 운동하는지를 알려준다. 한편 아이리버온은 피트니스 센서를 통해 운동 중에 정확한 심박수 측정이 가능한 착용형 기기를 출시했다. 이 기기를 통해 얻은 정보는 아이리버 애플리케이션을 다운받은 스마트폰을 통해 관리된다.55 2013년 세계 스마트폰 사용자 수는 10억 명을 돌파했으며, 자가진단 관련 애플리케이션의 수와 다운로드 횟수는 대폭 늘어나는 추세다. 한 자료에 따르면 건강 관련 애플리케이션의 수는 1만3600여 개이고, 다운로드 횟수는 2억4700여 만 건에 달한다.56

스u-health라고 부르는데, 초창기 그 서비스의 수혜 대상은 환자에 국한되어 있었다.51 유헬스는 심전도, 혈압, 혈당 등 환자의 생체정보를 측정할 수 있는 장비를 보건소나 가정에 비치하고 화상카메라, 컴퓨터, 스피커 등을 통해 진료를 수행함으로써 인구고령화와 만성질환의 증가에 대비해 수명 연장을 도모한다는 개념이다. 이에 비해 환자는 물론 일반인의 생체정보를 수시로 확인함으로써 건강 유지와 질병 예방을 적극 추구한다는 개념을 가리켜 디지털헬스digital health라고 부른다.• 생체정보를 측정하는 장비는 최근 들어 스마트폰과 착용형wearable 컴퓨터 기기로 확대 적용되고 있다. 가령 착용형 기기에는 사람이 움직인 거리, 속도, 운동량 측정을 위한 GPS, 만보기 역할을 하는 가속도 센서, 체온을 재는 온도/습도 센서, 심장박동수 측정에 활용되는 카메라 등이 장착되어 있다. 그리고 확보된 정보들은 스마트폰의 애플리케이션을 통해 사용자가 이해하기 쉬운 형태로 종합 정리된다.••52 최근에는 착용형 기기가 스마트폰과의 연계 없이 자체적으로 동일한 기능을 수행하는 형태로 발전하고 있다.53 정량화된 자아를 실현하는 기기와 그 사용자가 대폭 확대됨에 따라 기기의 사용법과 수집된 정보의 의미를 이해하는 데 도움을 주는 웹사이트도 등장했다.•••

최근에는 정량화된 자아를 넘어 '정성적 자아qualified self'를 추구하는 흐름도 생기고 있다. 스트레스나 뇌파 등을 측정해 행복감이나 만족도 등 인간의 감성적 요소를 결정하는 지표를 만들고, 이 정보를 활용해 일상 속에서 정신적 측면에서 삶의 질을 개선하는 것을 목표로 한다([표 5] 참조).

●●● 대표적으로 quantifiedself.com/guide는 2013년 11월 현재 505개 착용형 기기에 대한 사용법과 이로부터 얻은 정보의 의미를 사용자들이 스스로 제공하고 있다.

〔표 5〕 정성적 자아를 추구하는 프로젝트 현황

측정 범주와 프로젝트 이름		홈페이지
행복 측정	Track Your Happiness	www.trackyourhappiness.org/
	Mappiness	www.mappiness.org.uk/
	The H(app)athon Project	www.happathon.com/
	MoodPanda	http://moodpanda.com/
	TechurSelf	www.techurself.com/urwell
감정 측정과 공유	Gotta Feeling	http://gottafeeling.com/
	Emotish	http://emotish.com/
	Feelytics	http://feelytics.me/
	Expereal	http://expereal.com/
집단 기반 감정 지표	We Feel Fine	http://wefeelfine.org/
	moodmap	http://themoodmap.co.uk/
	Pulse of the Nation	www.ccs.neu.edu/home/amislove/twittermood/
	Twitter Mood Map	www.newscientist.com/blogs/onepercent/2011/09/twitterreveals-the-worlds-emo-1.html
	Wisdom 2.0	http://wisdom2summit.com/
개인 행복 플랫폼	GravityEight	www.gravityeight.com/
	MindBloom	www.mindbloom.com/
	Get Some Headspace	www.getsomeheadspace.com/
	Curious	http://wearecurio.us/
	uGooder	www.ugooder.com/

목표 성취 플랫폼	uMotif	www.uMotif.com/
	DidThis	http://blog.didthis.com/
	Schemer	www.schemer.com/
서약/동기부여 기반 목표 성취 플랫폼	GymPact	www.gym-pact.com/
	Stick	www.stickk.com/
	Beeminder	www.beeminder.com/

일상에서 자신이 느끼는 다양한 감정을 기록하고 그 결과를 공유하는 인터넷 사이트가 늘어나고 있다.

(출처: Swan, M., 2013: 94)

▲ 2009년 미국 펜실베이니아대학 와튼스쿨의 교수들에게 지난 30년간 인간의 삶을 바꾼 기술 가운데 가장 큰 혁신이 무엇인지를 질문한 결과를 바탕으로 디지털헬스와 유전정보의 접목이 전망된 바 있다. 당시 답변으로는 인터넷과 광대역 통신, PC와 노트북, 휴대전화, 이메일, DNA 검사 및 염기서열 분석 등이 제출되었다. 이들 가운데 처음 네 가지는 이미 스마트폰에서 통합되었으며, 향후 다섯째 기술과의 통합도 시간문제일 뿐이라는 견해다.[58]

바이오해커 집단은 디지털헬스 시대의 흐름 속에서 정량화된 자아를 실현하는 생체정보에 자신의 유전자 염기서열 정보를 접목시키고 있다.[▲] 다만 유전정보는 스스로 얻기 어렵기 때문에 대부분 DTC 유전자검사 서비스 회사를 통해 확보하는 추세다. 바이오해커 집단은 유전정보를 통해 가족의 이력과 개인의 건강 상태를 확인하는 한편, 자신의 유전정보를 익명으로 웹사이트에 공개하는 데 기꺼이 동의하고 있다. 그리고 궁극적으로는 공유된 개인별 유전정보를 바탕으로 자신만의 약물을 선택하는 일을 시도하고 있다.[▲▲]

일반인을 대상으로 개인별 유전정보를 검사하고 그 결과를 공개하는 활동은 하버드대학 교수인 조지 처치가 처음 시작했다.[▲▲▲] 그는 2006년 하버드대학에서 비영리기구의 형태로 개인유전체프로젝트PGP, Personal Genome Project을 발족했다. 인간의 유전자검사는 1963년 처음 시행된 이후 오로지 공식 의료기관을 통해서만 이루어져왔다.[57] 이에 비해 처치는 의료기관을 통하지 않아도 일반인이 유전정보를 얻을 수 있는 방법을 떠올린 것이다. 처치는 듀크대학에서 동물학과 화학을 전공하고 하버드대학에서 유전공학 박사학위를 취득했으며, 유전정보의 자유로운 공개를 통해 관련 분야가 크게 발전할 수 있다는 신념을 갖고 있었다. 처치는 이 같은 신념 때문에 프로젝트에 필요한 자금을 미국 국립보건원으로부터 지원받지 못하고 사비로 충당해야 했다.[59] 국립보건원의 윤리규범은 피험자의 사생활 보호를 위해 유전정보에 대한 비밀을 일정 기간 유지할 것을 요구했다. 하지만 처치는 이를 따르지 않고 공개하는 방침을 고집했다. 익명성을 전제로 유전정보를 공개한 개인의 신원이 드러난 사례가 있었기 때문에 국립보건원의 규범은 현실적으로 의미가 없다고 생각하기도 했다.* 처치는 PGP의 첫 번째 피험자를 자청했고, 자신의 유전정보를 웹사이트에 공개했다.

PGP는 처음 몇 년간 약 1만6000명의 일반인이 참여 의사를 밝혀 외형적으로는 크게 성공하는 듯했다. 하지만 2010년 말까지 단지 10명만이 실제로 프로젝트에 참여했다. 이렇게 참여율이 급감한 것은 참여자에게 요구되는 까다로운 사전 절차 때문이었다. 참여자는 유전정보의 공개에 따른 부정적 영향을 잘 인지하고 있다는 내용의 수준 높은 시험을 만점

▲▲ 자신의 몸에 직접 컴퓨터칩을 이식하는 극단적인 사례를 통해 정량화된 자아를 추구하는 바이오해커 소식도 간간이 들리고 있다. 예를 들어 미국 피츠버그 주에 사는 소프트웨어 개발자로, 바이오해커를 자칭하는 팀 캐넌은 2013년 11월 자신의 왼쪽 팔에 신용카드 크기의 블루투스 칩을 이식해 언론에 공개했다. 이 칩은 체온 정보를 안드로이드 기반 휴대폰으로 전송해주는 기능을 갖추었다고 한다. 캐넌은 오픈소스 지식과 기기를 바탕으로 인체의 능력을 강화시키는 집단인 그라인드하우스 웨트웨어 Grindhouse Wetware 회원이기도 하다. 그는 의사가 아닌 동료의 도움을 받아 마취 없이 칩을 이식했다.[60] 1998년 영국 리딩대학 인공지능 전문가인 케빈 워릭 교수는 자신의 팔에 컴퓨터 칩을 이식한 채 일주일간 자동으로 전원스위치를 켜고 자신의 위치 신호를 컴퓨터에 전송하는 실험을 수행한 바 있다.

▲▲▲ 처치는 독특한 연구 주제로 대중에게 널리 알려진 합성생물학자 가운데 한 명이다. 처치는 2013년 1월 18일 독일의 『슈피겔』과의 인터뷰에서 자신이 네안데르탈인 화석 뼈로부터 유전자 일부를 추출했으며, 이를 활용해 네안데르탈인을 복원하는 일이 가능하다고 밝혀 화제를 모았다(이 인터뷰는 그의 신간 『재생: 합성생물학이 자연과 우리 자신을 어떻게 다시 만들어낼까 Regenesis: How Synthetic Biology will Reinvent Nature and Ourselves』에 일부 소개되어 있다). 네안데르탈인의 유전자를 합성해 인간의 줄기세포에 이식하는 과정을 많이 반복하다보면, 네안데르탈인의 유전자와 비슷한 유전자를 갖는 줄기세포를 얻을 수 있다는 것이었다. 네안데르탈인은 현생인류와 족보가 다른 원시인으로, 35만 년 전 유럽에서 나타나 3만 년 전 사라졌으며, 뇌의 크기가 현생인류와 비슷해 고도의 지능을 갖추었던 것으로 추측된다. 처치는 인터뷰에서 네안데르탈인이 복원되면 현 세계에서 새로운 문화를 만들어내고 정치력도 발휘할 수 있을 것이

라고 말했다. 인류의 생물학적, 문화적 다양성을 높여 멸종가능성을 제거하자는 취지였다. 처치의 발언으로 네안데르탈인 수정란을 키울 대리모 문제, 네안데르탈인의 환경적응 문제, 복원의 필요성 등에 대한 사회적 논란이 벌어졌다. 처치는, 자신의 발언은 합성생물학의 가능성을 보여주는 한 가지 가상의 사례일 뿐이라고 설명했다. 2013년 3월 미국 『내셔널 지오그래픽』과 TED가 공동으로 주최한 탈 멸종 프로젝트 행사(TEDx DeExitinction)에서 처치는 다시 한 번 세간의 주목을 받았다. 행사에는 4000년 전 멸종된 매머드나 1910년대 미국에서 멸종된 나그네비둘기 등의 복원에 관한 주제로 25명의 연사가 참여했는데, 처치도 이 가운데 한 명이었다. 그의 복원 아이디어는 네안데르탈인에 대한 발언 내용과 거의 유사했다.[62]

★ 처치는, 사생활 보호와 비밀 유지라는 항목은 현실적으로 눈속임일 뿐이라고 생각했다. 당시까지 1990년대 MIT 대학원생이 공개된 선거인 기록과 익명으로 처리된 공무원의 데이터베이스를 이용해 매사추세츠 주지사의 진료기록을 밝혀낸 사례, 15세 소년이 민간업체에서 검사한 자신의 Y 염색체 DNA와 족보 정보를 활용해 인터넷 검색으로 정자를 기증한 익명의 아버지를 찾은 사례들이 잘 알려져 있었다.

으로 통과해야 했고, 자신의 상세한 건강 기록을 채워넣어야 했으며, 총 19쪽에 달하는 동의서를 읽고 사인을 해야 했다. 반면 일단 선정된 뒤 이어지는 절차는 간단했다. 실험키트에 포함된 면봉으로 볼 안쪽을 긁어 PGP에 보내면 한 달 뒤 웹사이트에 결과가 공개된다.

PGP의 난항과는 달리 DTC 유전자검사 서비스 회사들은 순조롭게 운영되었다. PGP처럼 까다로운 사전 절차가 대폭 생략된 채 간단한 동의서에 사인을 하면 누구든 한 달 내에 자신의 유전정보 결과를 얻을 수 있었다.

DTC 유전자검사 서비스는 2007년 11월경 아이슬란드의 디코드deCODE와 미국의 23앤드미23andMe라는 두 회사가 거의 동시에 시작했다.[61] 두 회사는 10만~100만 개의 단일염기 다형성SNP, Single Nucleotide Polymorphism 부위를 검사하고 1000달러가량을 받았다. SNP란 염기 하나에서 나타나는 돌연변이를 뜻한다. 일반적으로 사람들은 염기 1000개에 1개꼴로 차이가 있다. 예를 들어 특정 부위에 어떤 사람에겐 아데닌(A)이 있고 어떤 사람에겐 시토신(C)이 있다. 사람마다 30억 개 염기서열 가운데 99.9퍼센트는 같고 300만 개에 해당하는 0.1퍼센트는 다르다는 얘기다. 이 가운데 약 20만 개가 단백질을 만드는 유전자에 존재하는 것으로 추정된다. 이 차이가 유전자 기능에 차이를 나타내고, 그 결과 사람의 모습, 질병에 대한 감수성 등 다양한 차이를 드러낸다고 알려져 있다. 특히 질병에 걸린 사람과 보통 사람의 SNP

차이를 분석하는 일은 중요하다. 다만 아직까지 질환과 SNP 간 인과 관계가 규명된 비율은 전체 질병의 5퍼센트 이하 수준이다. 따라서 DTC 유전자검사 서비스는 일부 유전자의 돌연변이 분석에 국한되어 있다.

2008년에는 내비지닉스Navigenics가 유사한 서비스를 시작했다.* 디코드와 23앤드미에 비해 질환과 관련된 유전자검사에 좀더 중점을 두고 검사 결과에 대한 전문가와의 전화 상담을 추가했다.** 소비자가 부담하는 비용은 2500달러 수준이었다. 이후 미국에서 30개 이상의 서비스 회사가 등장했으며, 가격은 서비스 종류에 따라 수십 달러에서 수천 달러까지 다양하다. 예를 들어 30억 개 염기서열 정보를 모두 제공하는 전체유전체서열Whole Genomic Sequence 서비스는 놈Knome과 일루미나Illumina라는 두 회사가 제공해왔다. 그러나 분석기술의 한계로 인해 유전정보를 질병과 실질적으로 연관시켜 해석하는 일은 기존의 SNP 분석 수준에 그치고 있다.***

DTC 서비스 회사들의 목표는 공통적으로 자신의 유전자에 호기심을 가진 사람이라면 누구에게나 신속하고 저렴하게 서비스를 제공하는 것이다. 특히 23앤드미의 공동 창업자인 워치츠키의 남편은 구글 창업자 세르게이 브린이었고, 구글이 23앤드미에 390만 달러를 투자했기 때문에 당시 언론매체들은 유전정보

* 내비지닉스 이후 특정 질환 유전자를 집중적으로 분석하는 회사가 속속 등장했다. 예를 들어 CyGene Direct, DNA-Cardiocheck, DNA Dimensions, Graceful Earth, Pediatrix Medical Group, Psynomics 등의 회사는 알츠하이머형 치매, 정신질환, 청력상실, 심장질환, 소장의 알레르기 질환celiac disease 등 특정 질환을 제각기 심도 있게 분석한 결과를 제공한다.[63]

** 이들 세 회사의 창업자들은 모두 의학 분야에 대한 전문적 식견을 가진 동시에 개인적으로 자신의 유전정보를 알고 싶어한 인물들이다. 디코드의 창립자이면서 과학기술 부문 최고책임자 제프리 걸처는 의학박사 학위 소지자로, 자사의 기기를 이용해 자신의 유전정보를 분석한 결과 전립선암에 걸릴 위험이 다른 사람보다 두 배 이상 높다는 사실을 알게 되었다. 이후 그는 비뇨기과 전문의에게 초음파 조직검사를 받았고 그 결과 전립선암을 발견해 수술을 받았다. 23앤드미의 창업자 앤 워치츠키는 예일대학에서 생물학을 전공했으며, 어머니와 이모할머니가 파킨슨병에 걸린 이력이 있어 스스로 관련 유전자를 검사했다. 그 결과 어머니와 동일한 돌연변이를 발견하고는 규칙적으로 운동해 발병 위험을 낮추려고 노력하고 있다. 한편 내비지닉스 공동 창업자 데이비드 아구스는 암 연구자로서, 자신이 급성 심근경색으로 심장마비에 걸릴 위험이 두 배 이상 높다는 사실을 밝혀내고 생활습관을 조절 중이다.[64]

••• 놈은 '너 자신을 알라Know thyself'
와 '유전체genome'에서 따온 말이다. 일
루미나는 2014년 1월 초 홈페이지를 통
해 새로운 장비를 도입한 결과, 30억 개 염
기서열 전체를 알아내는 데 실제 소비자 지
출이 1000달러 선에서 가능하게 되었다고
밝혔다. 세부항목별로는 시약 비용 800달
러, 장비 사용료 135달러, 간접비 65달러
였다. 하지만 여기에는 전문 의료인의 상담
료가 포함되어 있지 않았다. 1000달러 소
비자 비용은 2012년 라이프 테크놀로지스
Life Technologies가 공표한 적이 있었지
만, 해당 장비는 일루미나의 발표 시기까지
상업화에 돌입하지 못하고 있었다.

▲ 지노메라의 자문단에는 하버드대학의 처
치, 구글 출신의 로이드 테일러 등이 포진해
있다. 지노메라는 유전정보의 공유에 필요
한 자금을 확보하기 위해 검사 비용 외에도
검사 결과에 대한 전문 분석 서비스와 후원
금 모집을 적극 시행해왔다.

▲▲ 23앤드미 역시 설립 초기부터 취합된
유전정보를 바탕으로 한 전문적인 연구를
추구했다. 하지만 연구 주제를 회사 측에서
선정하는 방식이었기 때문에 지노메라보다
폐쇄적이라는 평을 받고 있다.

서비스 행위를 가리켜 "당신의 유전자를 구글
링한다"는 말로 종종 표현했다.[65]

서비스를 신청하는 사람들의 목표는 지적
호기심 충족에서 가족의 족보 확인까지 다양
하다. 하지만 기본적인 공통사항은 자신과 타
인의 유전정보를 비교, 확인함으로써 질병에
대한 지식을 축적하고 이를 바탕으로 음식조
절, 생활방식 변화, 약물 선택 등을 스스로 적
절하게 수행하는 일이었다. 단기적으로는 적극
적인 건강관리, 장기적으로는 의료비용 절감
효과를 기대했다. 그리고 또 하나의 목표는 모
든 유전정보를 공개함으로써 관련 분야의 연
구를 활성화시키는 일이었다. DTC 서비스 회
사들은 신청자들의 이 같은 요구를 적극 반영
하는 추세다. 예를 들어 2009년 캘리포니아 주
에 설립된 지노메라Genomera▲는 취합된 유전
정보를 바탕으로 질환에 대한 전문적인 연구를 수행하기 위해 연구
주제와 연구 참여 범위를 검사 참여자들에게 맡겼다. 즉 검사 참여자
들이 연구 주제를 온라인에서 자유롭게 선정하고 회사 측은 조율하
는 역할만 담당하는 방식이다.▲▲ 2012년 1월 지노메라에서는 20개 주
제의 연구가 진행되었으며, 각 주제별로 10~60명이 연구에 참여했
다. 당시 300여 명이 자신의 유전정보와 그 표현형 정보를 제공하겠다
고 밝혔다. 서비스 회사와 참여자들이 공동으로 노력한 한 가지 결과
물이 위키피디아 스타일의 스니피디아SNPedia.com의 구축이었다.▲▲▲

PGP 같은 비영리기구든 서비스 회사든 가능하면 많은 사람으로부

제2부 바이오해커 집단의 프로젝트 사례

터 유전정보를 확보할 필요가 있었다. 그 확보를 위해 전문가들이 먼저 자신의 유전정보를 공개하는 한편 공개한 사실 자체를 널리 알리려는 노력을 기울였다. 예를 들어 처치는 PGP 주최로 2010년 4월 27일 미국 케임브리지에서 'GET 컨퍼런스'를 개최, 주최 측 참석자들과 함께 좀더 많은 유전정보의 공개가 필요하다는 의견을 주도적으로 제시해 화제를 모았다. GET는 유전체Genomes, 환경Environments, 특성Traits의 첫 글자를 모은 말이다. 주최 측 참석자들은 당시까지 개인 유전정보를 공개한 25명 가운데 12명이었다.*

▲▲▲ 스니피디아는 전 세계 SNP 정보를 수집해 공개한 사이트다. 수백여 개 유전자에 대한 수천여 개 SNP 정보가 축적되어 있어 누구나 자신의 SNP 정보와 질병과의 연관성, 약물 부작용과의 연관성 등을 비교해볼 수 있다.

★ 주최 측 참석자로는 제임스 왓슨 박사, 가천의대 김성진 교수, 일루미나의 제이 플래틀리 사장, 라이프 테크놀로지스의 그레그 루시어 회장, 최초로 가족의 유전체를 분석한 노보셀의 존 웨스트 사장과 딸 앤 웨스트 등이 포함되었다.

자신의 신체를 변형시키는 바이오해커

자신의 신체를 대상으로 실험을 수행해 건강 상태를 개선하려는 바이오해커 집단의 시도는 정량화된 자아를 추구하는 흐름 속에서 시작되었다. 이들은 2008년 9월 샌프란시스코에서 28명으로 공식적인 첫 모임을 가진 뒤 3년째에는 42개 블로그로 그 활동 범위를 넓혔으며, 2012년 1월에는 5524명의 회원을 확보했다.[66] 이들의 실험 수단은 주로 음식과 가벼운 운동이었다. 1999년부터 2011년까지 수백 명이 참여해 진행된 블루베리 프로젝트의 경우, 블루베리를 많이 섭취하면 인간의 기억 능력이 1퍼센트 상승한다는 통계 결과가 나왔다. 2010년 10월부터 3주간 45명이 참여한 버터 프로젝트에서는 매일 버터 57그램을 먹으면 뇌의 계산 속도가 증가한다는 보고도 나왔다. 전문가가 스스로 수면, 기분, 건강, 체중 등과 관련된 데이터를 측정한 뒤 그 결과를 학술지에 발표한 사례[67]도 있다. 가령 새벽에 일찍 깨지 않으려면 아침 식사를 피하고 낮에 많이 서 있는 게 좋으며, 체중을 줄이기 위해서는 설탕 음료 섭취를 삼가야 한다는 내용이었다.

한편 유전정보를 바탕으로 이 같은 신체 실험을 주도한 바이오해커 집단은 2007년부터 가시화되었다. 이들은 실험에 필요한 유전정보를 DTC 유전자검사 서비스 회사를 통해 확보하기 때문에 특별한 실험 장비가 필요하지 않다. 실험에 필요한 자금은 그다지 부담이 되는 수준이 아니다. 다만 그들은 유전정보를 전문적으로 해석할 수 있는 지적 능력은 충분히 갖추지 못하고 있다. 그 대표적인 사례가 일루미나에서 생물정보학자로 활동하던 레이먼드 매콜리가 주도한 실험이다.[68]

2007년 일루미나는 23앤드미와 공동으로 일반인이 유전자를 직접 검사할 수 있는 키트를 개발하는 협약을 체결했다. 당시 두 회사의 공동 사업을 기념하기 위해 일루미나는 직원들에게 유전자검사 비용을 999달러에서 249달러로 할인해주는 행사를 열었다. 매콜리는 이 행사에 참여했고, 자신이 당뇨병, 비만, 심혈관계 질환에 걸릴 가능성이 있으며, 이를 예방하기 위해서는 6개월 내 무려 40킬로그램을 감량해야 한다는 사실을 통보받았다.

매콜리는 감량하는 과정에서 SNP 데이터에 대한 좀더 깊이 있는 공부를 하고 싶었다. 회사에서 얻은 정보로는 적극적으로 자신의 건강을 증진시킬 단서를 찾지 못했기 때문이었다. 단순히 자신의 유전정보를 제공하고 그 결과를 공유하는 일은 의학적인 처방과는 거리가 멀었다. 의학적 처방책이 제시되기까지의 시간도 너무 길게 느껴졌다. 그래서 매콜리는 직접 능동적으로 신체 실험을 감행하기로 결정했다. 그는 비타민B가 자신의 건강을 회복하는 데 도움이 될 것이라는 판단 아래 23앤드미 직원 세 명과 DIYgenomics 창립자인 멜러니 스완**에게

공동 실험을 제안했다. 실험의 목표는 비타민B
의 대사 작용에 관여하는 효소(MTHFR) 유전
자 내 특정 SNP 쌍의 구성이 동형인지 이형인
지에 따라 비타민별로 체내 흡수도가 어떻게
달라지는지 조사하는 것이었다. 매콜리의 SNP
쌍은 동형이었고, 나머지 네 명은 이형이었다.

★★ DIYgenomics는 2010년 3월 유전정
보를 활용해 DIY-medicine을 구현하려는
목표로 설립된 온라인 집단이다. 창립자인
멜러니 스완은 조지워싱턴대학에서 프랑스
어와 경제학을 전공하고 회계와 금융 MBA
를 취득한 이후 유전정보를 활용한 스마트
폰 애플리케이션을 개발해온 인물로, 단체
설립 이후 관련 보고서와 논문을 학계와 바
이오해커 집단을 대상으로 왕성하게 발표
하고 있다.

실험은 2주 단위로 진행되었다. 첫 2주에는
아무런 비타민을 섭취하지 않았다. 다음부터는 2주 간격으로 복합비
타민제Centrum multivitamis와 강력한 비타민B 제제L-methylfolate의 두
종류 비타민제를 복용했으며, 마지막 2주에는 다시 아무런 비타민도
섭취하지 않았다. 이들은 각 단계별로 직접 혈액을 채취, 체내 비타
민 활동 정도를 알려주는 아미노산인 호모시스테인homocysteine의 농
도를 측정했다. 이 아미노산은 비타민 활동을 방해하는 물질이다. 실
험 결과, 매콜리를 제외한 네 명은 어떤 종류의 비타민을 섭취해도 호
모시스테인의 농도가 3분의 1 정도로 떨어지는 효과가 나타났다. 그
러나 매콜리는 강력한 비타민B 제제를 섭취한 경우에만 효과가 나타
났고, 나머지 경우에는 오히려 호모시스테인 농도가 증가하는 결과를
보였다. 이후 매콜리는 강력한 비타민B 제제만을 섭취하기로 결정했
다. 실험 계획 수립에서 최종 결론 도출까지 모두 스스로 수행해낸 것
이다.

이후 DIYgenomics는 몇 가지 주요 신체 실험을 주도해왔으며, 아
직 그 결과가 공식적으로 보고되지는 않았다.[69] 먼저 인간이 나이가
들면서 염색체 말단 부위(텔로미어)의 염기가 매년 100여 개씩 줄어든
다고 알려진 사실에 착안, 짧아진 텔로미어의 복구를 돕는 약물(TA-
65)의 효과를 확인하고 개인별 염기 차이가 약효에 영향을 미치는지

검사하는 실험을 수행하고 있다. 이 약물은 매년 세계적으로 1000여 명이 복용하고 있다. 2012년 1월 현재 20명이 실험에 참여했다. 또한 여드름과 주름 개선용 크림(Retin-A)의 효과와 부작용을 피부 관련 유전자와의 연관성 속에서 찾는 연구를 2012년 1월부터 8명이 진행하기 시작했다. 특정 약물 투여를 염두에 둔 기초 연구도 진행 중이다. 예를 들어 골다공증, 치매 등 노인성 질환의 위험을 차단하기 위해 20여 개의 지표를 사용해 염기서열 차이를 비교하는 실험으로, 2012년 1월에 15명이 참여했다. 인지 능력의 영역에 대한 실험도 시도하고 있다. 뇌에서 분비되는 신경전달물질의 하나인 도파민 생성과 관련된 유전자의 변이가 기억력 감퇴에 어떤 영향을 주는지 확인하는 연구로, 2012년부터 27명이 참여해 스위스 제네바대학병원 신경복원센터와 공동으로 실험을 진행하고 있다.*

스스로 신체에 변형을 가하려는 시도는 질환을 앓고 있는 환자에게서도 발견된다. 비록 유전정보를 활용하지는 않았지만 장차 환자가 자신의 유전정보를 활용해 직접적인 치료를 감행하는 일이 등장할 수 있음을 알려주는 사례다. 루게릭병을 오랫동안 앓고 있는 미국 환자 에릭 밸러의 스토리다.[70]

밸러는 서핑과 스노보딩을 즐기는 건강한 청년이었지만 어느 날부터인가 몸이 마비되기 시작해 병원을 찾았고, 루게릭병 진단이 나왔다. 루게릭병은 척수신경이나 간뇌의 신경세포가 서서히 지속적으로 파괴되고 근육이 위축되는 난치병이다. 진단을 받은 지 6개월 뒤 밸러는 걷는 데 지장이 생기기

* DIYgenomics는 개인별 유전정보와 정신적 성향을 접목시키는 마이파인더 MyFinder 프로젝트도 진행하고 있다. 이 프로젝트는 개인의 타고난 본성을 찾고, 재능을 강화하며, 잠재력을 최대화할 수 있는 유전정보를 탐색하는 것이 목표다. 이를 실현하기 위한 첫 단계로 프로젝트팀은 한편으로 낙관성optimism, 공감성empathy, 외향성extraversion, 이타성altruism 등의 정신적 성향에 관련된 과학계의 유전자 탐색 결과를 검토했다. 그리고 다른 한편으로 참가자들을 대상으로 이들 성향을 측정하는 설문을 실시했다. 과학계 연구에 따르면 낙관성 관련 유전자(OXTR 유전자, rs53576)의 SNP를 비교한 결과 SNP 염기가 AA이면 낙관성이 낮고 AG와 GG의 순으로 낙관성이 높게 나타난다. 그런데 최근까지 프로젝트팀이 15명의 참가자에 대해 확인한 결과 AG가 AA에 비해 낙관성이 낮다는 결과가 나왔다. 프로젝트팀은 향후 참가자 수를 늘릴수록 좀더 명확한 결과를 얻을 것으로 기대하고 있다.[71]

제2부 바이오해커 집단의 프로젝트 사례

시작했고, 이후 침대에 누워 1분에 6~8회 폐에 산소를 공급하는 장치에 호흡 활동을 의존하며 삶을 이어갔다. 밸러는 안구운동 관련 근육을 제외하고 얼굴 부위 근육이 거의 마비된 상황이었기에 안구의 움직임을 감지하는 적외선카메라가 장착된 컴퓨터를 통해 인터넷에서 관련 치료제를 찾고 있었다. 7년간 침대에서 지내던 밸러는 2010년 정맥주사로 투여하는 NP001이라는 신약후보물질이 동물을 대상으로 한 안전성 테스트를 거쳐 질병 개선 효과가 확인돼 1차 임상시험 대상자를 모집한다는 소식을 접했다. 이 약물은 루게릭병 증상을 일으키는 한 가지 메커니즘인 체내 대식세포에 의해 촉발되는 신경세포 파괴를 줄일 수 있는 것으로 알려졌다. 하지만 밸러는 이미 병이 지나치게 진전된 상태였기 때문에 임상시험에 참가할 자격을 얻을 수 없었다.

이후 밸러는 스스로 NP001과 비슷한 성분의 약물을 찾기 위해 인터넷에서 자신처럼 임상시험에 참여할 수 없는 다른 환자들과 토론을 벌이기 시작했다. 그 결과 밸러를 비롯한 환자들은 NP001에 아염소산나트륨sodium chlorite(NaClO₂)* 성분이 있다는 사실을 알게 되었고, 이를 구하기 위해 노력했다. 그리고 NP001 이전에 나온 WF10이라는 약물에 아염소산나트륨이 50퍼센트 함유되

* 아염소산나트륨은 저농도로 간이 수질정화 키트나 도시 오수처리에 사용되어온 표백제이자 살균제의 일종이다. NP001은 최근 새로운 치료제로 일부 루게릭병 환자들의 기대를 모으고 있다.

어 있으며, 이를 태국에서 주문해 얻을 수 있다는 사실을 접했다. 태국에서 WF10은 루게릭병 치료제가 아니라 방사선으로 암을 치료한 뒤 발생하는 자가면역 증상을 줄이는 데 쓰이는 약물이었다. 하지만 태국 정부는 1년에 1만2000달러 이상의 약물 주문을 금지하고 있었다. 물량이 부족하다고 느낀 밸러와 동료들은 태국에서 수입하는 일을 포기했다. 대신 우연찮게 순수한 아염소산나트륨을 인터넷에서 리터당 50달러 정도면 쉽게 구입할 수 있다는 사실을 새롭게 알게 되었

다. 1리터면 환자 1명이 15년 정도 투입할 수 있는 양이었다.

그러나 한 번에 어느 정도의 농도와 양으로 투입해야 안전한지에 대한 문제가 남아 있었다. 밸러와 동료들은 NP001 개발자와 자신들의 주치의에게 이 문제에 대해 문의하기 시작했다. 또한 이들이 활동하는 온라인 포럼에 참여한 약물시험 전문가에게 조언을 구했다. 이들은 1년 넘게 1000회 이상의 의견 개진을 거쳤으며, 최종적으로 밸러를 비롯한 20여 명의 환자들이 적정 농도와 양을 선택한 다음 직접 아염소산나트륨을 투여하기로 결정했다. 2011년 밸러의 어머니는 42세의 아들에게 5퍼센트로 희석된 아염소산나트륨을 튜브를 통해 투여하기 시작했으며, 8월경 밸러는 발음이 좀더 명확해지는 등 자신의 증상이 호전된 것 같다는 소식을 다른 환자들에게 알렸다.

유전자에 기반한 개인맞춤형 치료

매콜리와 밸러가 얼마나 효과적으로 자신의 몸을 개선시켰는지에 대해 의학적 평가를 내리기는 어렵다. 또한 이들의 활동이 다른 사람들에게 얼마나 많은 영향을 미쳤는지를 정확히 확인할 수 없다. 다만 이들의 사례는 인체를 대상으로 실험하는 바이오해커 집단의 활동이 기존 의료계의 약물 개발 분야에서 새로운 연구 모델을 제시하고 있다는 점은 분명해 보인다. 의약 분야에서 신약후보물질이 최종적으로 통과해야 할 가장 까다로운 관문은 인체를 대상으로 안전성과 약효를 확인하는 임상시험 단계다. 많은 신약후보물질이 이 단계에서 필요한 막대한 비용과 시간을 감당하지 못하고 사라진다. 보통 임상시험에 돌입한 새로운 후보물질 가운데 시장에 성공적으로 진입한 비율은 10퍼센트 이내에 불과하다.[72] 만일 자신의 유전정보를 비롯한 생체

정보는 물론 자신의 신체에 실험을 수행한 결과를 공개하는 일반인 또는 환자의 수가 확대된다면 의약 분야에서는 이 정보를 적극 활용함으로써 임상시험 단계에서 소요되는 비용과 시간을 상당히 줄일 수 있을 것이다. 생체정보에 대한 오픈소스 정신을 표방하는 바이오해커 집단이 바로 그 역할을 수행할 수 있는 존재다. 이들은 유전정보의 공개와 자유로운 공유 그리고 우선 연구되어야 할 분야에 대한 선택 등 자신들의 활동 과정을 가리켜 유전정보 연구의 민주화 또는 연구혁명 Research Revolution이라고 종종 표현한다.[73]

바이오해커 집단과 DTC 유전자검사 서비스 회사들은 그 협력의 폭을 확대하면서 점차 유전자에 기반한 개인맞춤형 치료를 지향하고 있는 추세다. 대표적으로 23앤드미의 연구 사례들은 유전정보와 질병과의 연관성을 탐구함으로써 개인맞춤형 치료에 활용될 수 있는 유용한 기초 자료를 제공했음을 보여준다.[74] 23앤드미는 파킨슨병의 유전정보를 조사하기 위해 이 질병에 관심이 있는 회원들을 모집했다. 그결과 3426명의 환자군과 2만9624명의 대조군 유전정보를 비교, 기존연구에서 밝혀진 20여 개의 유전자 외에 파킨슨병의 발생과 관련된 새로운 유전자 두 개를 발견해 학계에 보고했다.[75] 또한 23앤드미는 유전정보와 표현형 정보의 연관성을 연구하기 위해 2만여 명을 대상으로 50여 가지 질병을 비교했다. 그 결과 2형 당뇨병, 전립선암, 콜레스테롤 수치, 다발성 경화증multiple sclerosis 등의 질환에서 기존에 보고된 180여 가지 유전자와의 표현형 연관성을 75퍼센트 정도 확인하는 데 성공해, 그 연구 성과를 학술지에 보고했다.[76] 초창기에는 질병이 아닌 머리 스타일, 주근깨, 후각 기능, 재채기 반응 등 일반적인 특징을 유전자로 확인하는 연구 결과도 발표한 적이 있다.[77] 한편 23앤드미의 유전정보에 대한 연구 결과는 해당 환자들의 구체적인 증세와 연결되고 있는 추세다. 즉 특정 유전자에 발생하는 돌연변이들이 실제로 특정 증세와 어떻게 연관되는지에 대한 탐구다. 예를 들어 환자의 동의 아래 환자의 질병정보 공유를 추구하는 회사 페이션츠라이크미patientslikeme는 2012년까지 질병의 발생과 증상에 대한 연구 결과를 25편 이상 전문 학술지에 발표한 바 있다.[78] 이 회사는 2012년 7월 현재 1000가지 건강 상태별 증상 자료를 확보하기 위해 약 15만 7000여 명의 참여자를 모집했다.[79] 참여자들은 제각기의 질병에 대한 치료의 종류 및 그 효과에 대한 경험담을 공개할 준비가 되어 있다.[*] 그리고 환자를 회원으로 확보한 회사들과 DTC 유전자검사 서비스 회사들은 서로 자료를 공유하고 있는 추세다. 참고로 2012년 7월

● 페이션츠라이크미는 의료공급자에게 희귀질환 치료법의 효과와 부작용을 제공하는 대가로 치료의 개선책 개발을 요구하고 있다.[81]

현재 23앤드미는 15만여 명, 지노메라는 25개 연구 주제에 800여 명의 참여자를 확보했다. 이들 정보의 효과적인 접목이 실현되면 환자 개인별로 자신의 유전정보를 바탕으로 한 맞춤형 치료제 개발이 좀더 용이해질 수 있을 것이다. 환자의 질병정보 그리고 일반인 및 환자의 유전정보의 상호 공유를 시도하며 형성되고 있는 최근의 협력네트워크 추세는 [그림 9]에 나타나 있다.

　의료계 한편에서는 이 같은 분위기를 반기고 있다.[80] 예를 들어 듀크대학의 루게릭병 클리닉을 이끄는 리처드 베드랙은 밸러의 사례가 새로운 의료 모델을 제시하고 있다고 밝혔다. 과거에는 환자가 의사에게 자신의 증상에 대한 설명을 충분히 전달한 뒤 필요한 치료제를 처방받았지만, 이제 환자 스스로 인터넷을 통해 수많은 약물 가운데 자신이 원하는 것을 직접 결정하고 행동하는 흐름으로 바뀌고 있다는 것이다. 베드랙은 안전성과 효과 문제가 남아 있기는 하지만 전반적으로 환자가 자신의 건강을 직접 관리한다는 면에서 그리고 의약품 개

발의 방향을 결정할 수 있다는 면에서 바람직한 흐름이 형성되고 있다고 설명했다.

사실 유전정보에 기반한 맞춤형 치료제 개발은 인간게놈프로젝트 이후 제도권 의학계 내에서 많은 관심을 가져온 사안이다.[82] 그간 인종, 체질, 체형, 연령 등과 상관없이 표준약물을 사용함에 따라 부작용으로 인한 피해가 확대되고 불필요한 의료비가 증가하는 폐단이 계속 지적되어왔다.* 하지만 최근에는 개인의 유전자 특성에 따라 약물의 흡수나 체내 전달 그리고 실제 작용 등의 정도가 다른 점을 고려한 치료법이 개발 중이다.[83] 실제로 이를 실현하기 위해 2008년 미국, 영국, 중국 등이 인종별 유전자 다양성을 확인하고 질병 유전자를 발굴하려는 목적으로 1000명의 질병 유전자를 비교 분석하는 '1000 프로젝트1000 Projects'가 발족된 바 있다. 이미 1500만 개 질병 관련 돌연변이 유전자를 찾아냈으며, 2011년부터는 2500명으로 연구 범위를 확대해 인종별 유전자 진화 방향을 연구 중이다.

만일 유전자 맞춤치료가 활성화되면 글로벌 제약사의 비즈니스 모델이 '블록버스터blockbuster'에서 '니치버스터nichebuster'로 전환될 전망이다.** 질병이 세분화될수록 잠재 환자 수가 100만 명 내외로 감소할 것이기 때문이다. 그 결과 제약사의 연구개발 조직도 세부 질환별로 특화된 소규모 단위로 나뉠 것이고, 기업 외부와의 연구협력 및 기술 도입이 강화될 것으로 보인다. 또한 신약을 개발할 때 유전정보를 활용하면 약효가 있는 환자를 효과적으로 선별할 수 있기 때문에

* 예를 들어 표준약물 요법으로 치료할 경우 약효가 25~62퍼센트 정도이고, 부작용을 일으키는 퇴출 의약품을 복용한 환자 수가 2000년대에 2억 명에 달하며, 15대 항암제의 약효가 35퍼센트에 불과해 180억 달러가 낭비된다고 추산되고 있다.[84]

** 블록버스터와 니치버스터는 매출과 복용환자 수 기준으로 약물을 구별하는 제약계의 공식 용어다. 블록버스터는 매출 10억 달러 이상, 복용환자 수 1000만~1억 명이고, 니치버스터는 매출 1억~5억 달러, 복용환자 수 1만~100만 명에 해당한다. 미국의 화이자 사의 경우, 2011년부터 기존 연구개발 조직 인원의 20~30퍼센트 수준이 니치버스터 개발조직을 가동 중이다.[85]

신약 개발 비용은 기존에 비해 20~30퍼센트 절감될 것이다. 특히 지금까지 제약사가 신약을 개발할 경우 일부 환자에게 부작용이 나타나도 신약 승인을 받을 수 없었던 문제가 해결될 수 있다.[86] 환자 맞춤형 신약을 개발한다면 특정 환자군 전용의 신약 승인이 가능해져 이전보다 신약 개발이 활발해질 수 있다는 의미다.

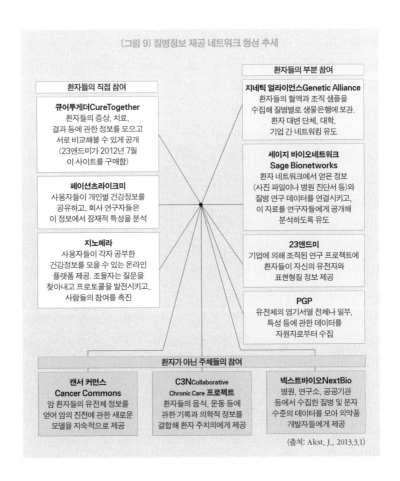

[그림 9] 질병정보 제공 네트워크 형성 추세

환자들의 직접 참여

큐어투게더CureTogether
환자들의 증상, 치료,
결과 등에 관한 정보를 모으고
서로 비교해볼 수 있게 공개
(23앤드미가 2012년 7월
이 사이트를 구매함)

페이션츠라이크미
사용자들이 개인별 건강정보를
공유하고, 회사 연구자들은
이 정보에서 잠재적 특성을 분석

지노메라
사용자들이 각자 공부한
건강정보를 모을 수 있는 온라인
플랫폼 제공. 조율자는 질문을
찾아내고 프로토콜을 발전시키고,
사람들의 참여를 촉진

환자들의 부분 참여

지네틱 얼라이언스Genetic Alliance
환자들의 혈액과 조직 샘플을
수집해 질병별로 생물은행에 보관.
환자 대변 단체, 대학,
기업 간 네트워킹 유도

세이지 바이오네트워크
Sage Bionetworks
환자 네트워크에서 얻은 정보
(사진 파일이나 병원 진단서 등)와
질병 연구 데이터를 연결시키고,
이 자료를 연구자들에게 공개해
분석하도록 유도

23앤드미
기업에 의해 조직된 연구 프로젝트에
환자들이 자신의 유전자와
표현형질 정보 제공

PGP
유전체의 염기서열 전체나 일부,
특성 등에 관한 데이터를
자원자로부터 수집

환자가 아닌 주체들의 참여

캔서 커먼스
Cancer Commons
암 환자들의 유전체 정보를
얻어 암의 진전에 관한 새로운
모델을 지속적으로 제공

C3N Collaborative
Chronic Care **프로젝트**
환자들의 음식, 운동 등에
관한 기록과 의학적 정보를
결합해 환자 주치의에게 제공

넥스트바이오NextBio
병원, 연구소, 공공기관
등에서 수집한 질병 및 분자
수준의 데이터를 모아 의약품
개발자들에게 제공

(출처: Akst, J., 2013.3.1)

제3부

기술혁신을 둘러싼
논란과 쟁점

07.

오픈소스 정신과
지식재산권의 동시 추구

바이오해커 집단은 모두 정보의 독점에 반대하고 누구에게나 정보에 자유롭게 접근해 사용할 권리를 부여하는 오픈소스 정신을 표방하고 있다. 지금까지 바이오해커 집단이 급속히 확산될 수 있었던 주요 원인 한 가지가 바로 오픈소스 정신이다. 하지만 사용자가 이 정보를 바탕으로 새롭게 개발한 성과물에 대해 독점적 지식재산권을 확보하는 형태로 상업화할 수 있는 길 또한 열려 있다. 따라서 바이오해커 집단이 과연 향후에도 오픈소스 정신을 유지하며 활동을 지속할 수 있는지에 대해 논란이 일고 있다. 단적으로 표현하면 오픈소스 정신이 특허를 활용한 독점적 상업화와 양립할 수 있는지에 대한 의문이다.

최근까지 논란의 주요 대상은 합성생물학의 대표 행사인 아이젬 대회의 BPA에 맞춰져 있다. 바이오브릭재단은 오픈소스 소프트웨어의 다양한 라이선스를 참조해 BPA를 만들어냈다. 따라서 BPA를 둘러싼 논란을 소개하기에 앞서 BPA의 형성에 영향을 준 IT 분야 오픈소스 소프트웨어 운동의 전개 과정을 간략히 살펴보자.

오픈소스 소프트웨어를 표방하며 시장에서 성공하고 있는 대표 사례가 리눅스Linux다. 리눅스는 컴퓨터 운영체제를 이루는 소프트웨어의 하나로, 1991년 핀란드 헬싱키대학 대학원생 리누스 토르발스가 유닉스 모델을 기반으로 개발했다. 전 세계 수많은 프로그래머가 리눅스를 기초로 꾸준히 기능을 개선하면서 마이크로소프트의 윈도 운영체제와 경쟁을 벌이고 있다.[1] 유닉스를 개발한 AT&T는 초창기 소스코드를 유료로 공개하다가 1980년대에 들어서면서 소스코드를 공개하지 않고 고가로 판매하기 시작했다. 이에 반발해 벌어진 것이 자유소프트웨어 운동이다.[2] 1985년 리처드 스톨먼은 비영리단체인 자유소프트웨어재단Free Software Foundation을 설립하면서 컴퓨터 프로그램의 복사, 수정, 배포의 자유가 보장되어야 하며, 이를 실현하기 위해 소스코드의 사용에 대한 제한을 철폐해야 한다고 주장했다. 그 노력의 일환으로 시작된 것이 'GNUGnu is Not Unix 프로젝트'였다. 유닉스와 기술적으로 동일하지만 사용자들이 자유롭게 사용할 수 있다는 점에서 근본적으로 차이가 있음을 알려주는 용어다. 스톨먼은 1970년대 IT 해커들이 추구했던 정보 공유와 협동 정신으로 되돌아가야 한다는 입장이었다. 그는 소프트웨어의 사유화 가능성을 차단하기 위해 저작권copyright에 대응하는 카피레프트copyleft 개념을 주창했다. 이 카피레프트 정신은 일반공공협약GPL, General Public License에 잘 드러나 있다. 만일 소프트웨어 개발자가 GPL을 선언하면 후속 개발자는 해당 소프트웨어를 원 개발자와 동일한 조건으로 사용해야 한다. 즉 소스코드를 수정할 경우 이를 공개하고 누구나 복사, 수정, 배포할 수 있도록 해야 한다.[*] 이 선언이 없다면 가령 마이크로소프트가 리눅스에 자신의 일부 프로그램을 추가해 자신의 제품으로 판매하는 상황이 벌어질 수 있기 때문이다. 리눅스는 1990년대 초까지 운영체제의 핵심 기능을 담당하는 커널kernel을 개발하지 못해 완전한 운영체제를 이루지 못했다. 커널은 컴퓨터와 프로그램 사이의 기본적 운영에 관한 명령어로 구성된다. 그러다 리누스 토르발스가 유닉스를 개조하던 끝에 새로운 커널을 개발함으로써 1992년 GNU/Linux를 완성했다.[3]

그러던 중 1990년대 말에 이르러 자유소프트웨어 대신 오픈소스 소프트웨어라는 용어가 등장했다. 자유free가 무료라고 잘못 인식되고 있는 점을 바로잡고, GPL 조항이 너무 엄격해 오히려 소프트웨어 개발이 용이하지 못하다는 문제점을 탈피하기 위해서였다. 1998년 에릭 레이먼드 등이 주도해 만든 오픈소스 소프트웨어 공인 기관인 OSIOpen Source Initiative가 등장하면서 오픈소스 소프트웨어 운동은 본격적인 궤도에 오르기 시작했다.**

오픈소스 소프트웨어 분야에서는 최근까지 다양한 라이선스가 개발되어왔다. 여기서 라이선스란 개발자와 사용자 간에 사용 방법과 사용 조건을 명시한 계약을 의미한다. 만일 사용자가 이 계약을 어기면 개발자는 법적으로 저작권이 침해되었음을 주장할 수 있다.

OSI는 2012년 현재 69개의 라이선스를 인정하고 있다.[4] 이 가운데 실제로 많이 활용되고 있는 라이선스에는 GPL, LGPLLesser General Public License, MPLMozilla Public License, BSDBerkely Software

* GPL의 최종 버전 3.0의 주요 내용은 사용자가 수정한 소스코드로 제작한 소프트웨어를 다른 사람에게 배포할 때 GPL에 의해 배포된다는 사실을 명시할 것, 소스코드를 수정하는 경우 개작 부분을 공개할 것, 소스코드를 응용프로그램에 포함하는 경우 응용프로그램의 소스코드 역시 모두 공개할 것, 기존의 독점 소프트웨어와 결합하지 말 것 등이다. 이때 수정본의 사용 조건은 역시 GPL의 원칙을 따라야 한다.[5] 여기서 응용프로그램의 소스코드를 모두 공개해야 한다는 말은, GPL에 따르는 한 가지 프로그램의 소스코드가 GPL과 상관없는 다른 프로그램들이 함께 사용되어 응용프로그램이 만들어질 경우 다른 프로그램들 모두의 소스코드가 공개되어야 한다는 의미인데, 이 때문에 GPL은 바이러스성viral 라이선스라는 별칭을 갖고 있다.[6]

** 에릭 레이먼드는 자유소프트웨어의 정신이 지나치게 도덕적이고 이상적이라는 점을 비판하며 좀더 실용적인 운동을 벌여야 한다고 주장했다. 레이먼드는 저서[7]에서 스톨먼의 방식은 마치 중세의 성당을 건축할 때처럼 탁월한 능력을 가진 전문가들이 고립 속에서 복잡한 프로그램을 개발하는 방식에 해당하며, 리눅스는 시장에서 다양한 사람이 뒤섞여 제품을 개발하는 방식을 취해 많은 공동 개발자가 불완전한 소프트웨어를 빠르게 보완할 수 있는 장점이 있다고 밝혔다. 스톨먼은 산업계와의 협력을 거부하며 폐쇄적 전략을 취하지만, 리눅스는 사적 이익을 인정하며 공개적 전략 속에서 탄생했다.[8]

Distribution, AL Apache License 등이 있다. 이들은 모두 사용자가 원래 소스코드의 복사, 수정, 배포를 자유롭게 할 수 있다는 점에서 공통점을 갖는다. 하지만 사용자가 2차 저작물을 만들었을 때 공개하는 소스코드의 범위와 상업적으로 활용할 수 있는지 여부에서 다소 차이가 있다.●●● 이들 가운데 카피레프트 정신, 즉 수정된 소스코드를 공개해야 한다는 의무사항을 요구하는 라이선스는 GPL, LGPL, MPL이다.[9]

아이젬 대회의 BPA는 해당 유전정보를 누구나 복사, 수정, 배포할 수 있다는 점에서 IT 분야의 오픈소스 소프트웨어 운동의 정신을 반영하고 있다. 그리고 후속 참여자가 원래 개발자의 성과물을 활용해 새로운 부품, 장치, 시스템을 만들 경우, 그 수정된 유전정보를 공개하고 누구나 자유롭게 사용할 수 있도록 규정한다는 점에서 카피레프트 정신을 표방하고 있다. 그러나 아이젬 대회의 BPA에 따르면, 기존 부품을 수정해 사용할 때 수정된 부분의 유전정보(소스코드)를 공개해야 하지만, 그 부품으로 새로운 시스템을 개발했을 경우 시스템 내에서 다른 부품들에 대한 유전정보를 공개할 필요가 없다는 점에서 GPL과 차이가 있다. 또한 기존의 부품 유전정보를 상업적으로 활용할 수 있다는 점에서도 GPL과 다르다. 특히 특허를 통한 독점적 지식재산권 확보의 길이 열려 있다는 점에서 큰 차이를 보인다. 바이오브릭재단 홈페이지 FAQ를 보면, 표준생물

●●● LGPL 역시 자유소프트웨어재단이 주도하는 라이선스이며 버전 3.0까지 나와 있다. GPL에 비해 소스코드의 공개 정도를 다소 완화한 형태다. 라이브러리의 일부를 수정하는 경우 수정한 부분의 소스코드를 공개해야 하지만, GPL과 달리 다른 응용프로그램의 소스코드를 공개할 필요가 없다. 또한 독점 소프트웨어와의 결합을 허용한다. MPL은 Mozilla Project가 주도하는 라이선스로 버전 2.0까지 나와 있다. 확장형 프로그램의 일부를 수정하는 경우, LGPL과 유사하게 수정한 소스코드를 공개해야 하지만 다른 프로그램의 소스코드를 공개할 의무는 없다. 또한 독점 소프트웨어와의 결합을 허용한다. BSD는 캘리포니아대학에서 개발된 라이선스다. 소스코드를 수정할 경우 수정한 부분에 대한 소스코드를 공개할 의무가 없다. 또한 소스코드를 상용화된 프로그램과 조합하는 일이 허용되며, 이때 2차 저작물의 소스코드를 공개할 의무도 없다. 역시 독점 소프트웨어와의 결합을 허용한다. AL은 아파치 재단ASF, Apache Software Foundation이 주도하는 라이선스로, 소스코드의 공개 여부와 독점 소프트웨어와의 결합 여부에 대한 허용 범위는 BSD 라이선스와 유사하다. 다만 'Apache'라는 표장에 대한 상표권을 침해해서는 안 된다.[10]

학부품목록에 등록된 부품을 활용해 새로운 물질material과 응용품 application을 만들 시 특허와 같은 지식재산권으로 보호받을 수 있다 고 명시되어 있다. 여기서 응용품의 범주에는 부품, 장치, 시스템 모 두가 포함될 수 있다.*

BPA는 바이오브릭재단 합성생물학자들의 오랜 고민과 논의 속에서 만들어졌다. 2003년 엔디가 합성생물학 부품의 개념을 정립하고 아 이젬 대회를 조직하던 시절에는 지식재산권 문 제가 별다른 논란의 대상이 아니었다. 하지만 바이오브릭재단이 오픈소스 정신을 표방하고 나서자 많은 관련 연구자와 법률 전문가가 부 품의 지식재산권화에 의문을 표했다. 그래서 엔디는 합성생물학 연례대회 때마다 별도의 세션을 구성해 지식재산 권 문제를 생명공학 회사 및 법조계 전문가들과 논의해왔다.[11] 지식재 산권에 대한 논의의 폭은 광범위했다. 엔디는 전통적인 저작권과 특 허, 상표권은 물론 당시 IT 분야의 오픈소스 운동에서 표방된 카피레 프트까지 모든 가능성을 검토했다. 현재의 BPA는 이런 논의들의 절 충적 산물이다.

그런데 검토 대상 가운데 카피레프트라는 용어는 합성생물학 분야 에 어울리는 표현일까? 카피레프트는 저작권에 대비해 사용되는 표현 이다. 그리고 저작권은 컴퓨터 소프트웨어에서 흔히 적용되는 지식재 산권의 일종이다. 이에 비해 합성생물학을 포함해 전통적으로 생명공 학 분야의 성과물에 적용되는 지식재산권은 특허다.** 그렇다면 어떤 근거로 바이오브릭재단 합성생물학자들은 카피레프트라는 용어를 채 택해 표방하고 있을까? 이들은 DNA의 유전정보를 컴퓨터 소프트웨

* 국내 고려대팀을 이끌고 아이젬 대회에 참여한 최인걸 교수는 특허 취득의 가능성 에 대해 다음과 같이 말했다. "지난해 바이 오브릭재단 고문변호사가 학회에서 공개한 바에 의하면, 바이오브릭의 일부 부품은 지 적재산권의 범주에 들어가 있을 수도 있지 만, 재단이 제공하는 내용은 누구나 사용 가능하고, 그것으로부터 새로운 지식재산 권을 만들어도 문제가 없다고 들었습니다. 즉 부품을 무료로 제공받았지만, 새로운 회 로를 만들면 만든 사람이 지식재산권을 신 청할 수 있습니다."[12]

•• 일반적으로 지식재산권은 보호의 목적에 따라 산업 발전에 이바지할 수 있는 창작물 등을 객체로 하는 권리인 산업재산권과 인간의 문화생활 향상에 이바지할 수 있는 창작물을 객체로 하는 권리인 저작권으로 대별된다. 산업재산권은 발명, 고안, 디자인, 상표 등을 보호하는 권리인 특허권, 실용신안권, 디자인권, 상표권으로 다시 분류된다. 이에 비해 저작권은 문학, 학술, 예술의 범위에 속하는 창작물을 창작한 저작자의 권리를 말하는 것으로서, 창작과 동시에 발생하며 어떠한 절차나 형식의 이행을 필요로 하지 않는다는 점에서 특허청의 심사를 거쳐 등록을 해야만 보호 받을 수 있는 산업재산권과는 구별된다. 저작권은 저작자의 인격과 밀접한 관련이 있는 저작인격권과 저작자가 창작한 저작물로부터 이익을 추구할 수 있는 저작재산권으로 나뉜다. 최근에는 새로이 대두된 반도체배치설계, 데이터베이스, 컴퓨터 프로그램, 영업비밀 등을 보호하기 위해 별도로 신지식재산권이 설정되었다(www.kautm.net/index.asp).

어의 소스코드로 파악하고 있다.[13] 합성생물학 분야에서 'DNA를 프로그래밍한다'는 표현이 종종 등장하는데, 이는 새로운 회로와 부품을 설계하는 활동을 마치 컴퓨터 소프트웨어의 문제를 해결하는 활동으로 바라본 결과다. 그리고 현실적으로 소프트웨어의 지식재산권을 가장 단순하고 저렴하게 보호할 수 있는 장치는 저작권이다. 바이오브릭재단 합성생물학자들은 바로 이 같은 이유로 오픈소스 소프트웨어에서 사용되는 카피레프트 개념을 채택한 것이다.

초창기에 엔디는 바이오브릭재단의 규약 모델로 자유소프트웨어재단의 GPL을 삼았다.[14] 합성생물학의 발전을 위해서는 누구나 부품을 자유롭게 사용할 수 있어야 한다는 판단 때문이었다. 그러나 엔디는 합성생물학의 성과물에 대한 지식재산권 역시 자유롭게 추구되어야 한다고 생각했다. 물론 지식재산권은 자유소프트웨어재단 역시 배척하지 않고 있다.[15] 자유소프트웨어재단의 GPL은 소프트웨어의 개발자에게 저작권을 부여하는 행위 자체를 반대하지 않는다. 다만 이 저작권은 후속 사용자들이 공개된 소스코드를 활용해 새로운 소프트웨어를 상업적으로 개발하는 일을 저지하는 데 사용되는 권한이다. 오픈소스 소프트웨어를 누군가 독점하는 일을 막기 위한 조치인 것이다. 하지만 엔디에게 GPL은 지나치게 엄격해 보였다. 합성생물학자들이 공들여 만든 부품을 자유롭게 상업화할 수 없다면 합성생물학 연구에 동기가 주어지지 않을 것이라는 판단 때문이다.

그런데 합성생물학자들이 종종 비유하는 상용화된 컴퓨터 소프트웨어에서도 저작권이 흔히 적용되고 있다. 컴퓨터 소프트웨어는 텍스트와 동작이 결합된 합성물인데, 텍스트가 창작물의 표현에 해당하기 때문에 소프트웨어는 저작권으로 보호받을 수 있다.[16] 컴퓨터 소프트웨어의 지식재산권에 대해 가장 먼저 관심을 기울인 미국은 1964년부터 그 저작권 등록을 인정했다.[*] 그렇다면 합성생물학자들은 저작권을 통해서도 충분히 개발자의 상업적 요구를 충족시켜줄 수 있었을 텐데 왜 특허를 택했을까?

현실적인 이유에서다. 미국을 비롯한 전 세계 어디에서도 생명공학의 성과물에 대해 저작권을 인정하고 있지 않다. 물론 컴퓨터 소프트웨어를 저작물의 하나로 인정해 저작권법에 의한 보호가 부여된 이후, 생명공학의 산물에 대한 보호 역시 유사하게 주어질 수 있다는 주장이 제기된 적이 있다.[**] 특히 합성생물학 분야의 등장으로 생명공학 성과물에 대한 저작권의 적용이 더욱 현실화되고 있다는 주장도 있다.[17] 가령 인공적으로 합성된 DNA의 경우, 염기서열이 자연에 존재하지 않는 독창적 조합으로 이루어지기 때문에 합성생물학이 독창적 저작물로 인정받을 가능성을 열었다는 해석이다. 하지만 이에 반대하는 해석이 맞서고 있

* 컴퓨터 프로그램은 그 동작이 기술적 사상에 해당하는 아이디어이기 때문에 특허권의 보호 역시 받을 수 있다. 1980년대 이후 컴퓨터 프로그램에서 동일한 동작을 가능하게 하는 텍스트가 하나가 아닌 여러 개 있을 수 있다는 점에서, 저작권이 표현만 보호할 뿐 기술보호에는 부적합하다는 업계의 주장을 반영해 소프트웨어 관련 발명도 특허 대상이 될 수 있다는 판결이 나왔다. 이 같은 분위기는 미국뿐 아니라 한국을 비롯한 많은 국가에서 형성되어왔다.[18]

** 유전정보의 특성이 컴퓨터 소프트웨어와 유사하다는 이유로 생명공학의 성과물을 저작권으로 보호할 수 있다는 주장의 근거는 대략 세 가지로 제시된다. 첫째, 표현의 측면이다. 컴퓨터 소프트웨어에서 실행 코드는 모든 정보가 디지털화돼 0과 1의 형태로, 인간과 기계가 읽을 수 있도록 표현된다. 인공 DNA의 경우 A, T, C, G 네 개의 염기 부호의 형태로, 역시 인간과 기계가 읽을 수 있도록 표현된다.[19] 둘째, 특정 기능을 수행하기 위해 코드화된 측면이다. 소프트웨어의 코드가 특정한 기능을 수행할 수 있도록 작성되는 것처럼, 인공 DNA도 특정 아미노산을 만들기 위해 작성된다. 셋째, 정보의 흐름 측면이다. 컴퓨터에서 정보는 소스코드에서 시작돼 실행코드로 변환되고, 결국 컴퓨터 자신이 인식할 수 있는 전기적 충격으로 변환된다. 유전정보는 DNA에서 RNA로, 그리고 단백질로 그 형질이 변환된다. 여기서 DNA는 유전정보의 출발점인 동시에 인간에 의해 개발될 수 있다는 점에서 소스코드에 비유될 수 있다. RNA는 컴퓨터 운영체제에 해당한다. 단백질은 전기적 충격과 유사하다. 전기적 충격이 컴퓨터로 하여금 특정 작업을 수행하도록 하는 것처럼, 단백질도 일정한 결과를 얻기 위해 활용된다는 점에서 그렇다.[20]

다. A, G, C, T는 자연에 존재하는 염기서열일 뿐이므로 저작권이 중시하는 새로운 표현, 즉 자연에 존재하지 않는 새로운 염기의 종류가 등장하지 않는 한 저작권이 적용될 수 없다는 주장이다.[21] 이 같은 논란에도 불구하고 현실적으로 세계 각국은 생명공학의 산물에 대해 저작권을 인정하지 않는다. 그래서 대표적인 합성생물학자이자 바이오해커인 로버트 카슨은 바이오브릭재단이 종종 사용하는 '오픈소스 생물학'이란 말이 현실성 없는 구호에 불과하다고 인정하고 있다.[22] 오픈소스라는 말을 사용하려면 소스코드를 DNA 염기서열로 봐야 하는데, 미국에서 사실상 DNA 염기서열과 관련한 지식재산 보호 방법은 특허 외에는 존재하지 않는다. 따라서 카슨은 오픈소스 생물학보다는 '오픈 생물학'을 적절한 표현으로 제시했다.

그렇다면 바이오브릭재단 합성생물학자들로서는 부품에 대한 지식재산권으로 특허 외에는 보호할 수단이 없다는 결론이 나온다. 하지만 특허를 채택하는 데에는 커다란 난관이 있었다. 바이오브릭재단에 장차 수만 개의 부품이 등록될 텐데, 이들을 대상으로 특허 등록을 하기에는 경제적 부담이 지나치게 크다는 사실이었다.[23] 미국에서 특허 하나를 등록하는 데 수만 달러가 소요되기 때문에 바이오브릭재단이 특허를 직접 관리하기란 현실적으로 불가능했다. 더욱이 특허는 독점을 유발할 수 있기 때문에 오픈소스 정신과 맞지 않는다는 비판도 제기되던 상황이었다. 그 결과 바이오브릭재단은 아이젬 대회의 BPA에서 사용자가 자유롭게 특허권을 추구할 수 있다고 인정하는 방식의 절충안을 내놓았다. 즉 바이오브릭재단은 사용자의 접근 측면에서 오픈소스 정신을 유지하되 직접 특허를 관리하지 않은 채 특허의 추구 여부는 사용자 개인에게 맡기는 방식을 채택한 것이다.***

하지만 여전히 문제가 남아 있었다. 과연 표준생물학부품목록에서 어느 범위까지 특허를 인정해줄 수 있느냐는 문제였다. 원래 엔디는 부품을 공유 재산 commons으로 두고, 장치와 시스템은 특허를 취득할 수 있도록 방침을 세웠다. 아이젬 대회 등을 통해 부품을 끊임없이 제공받고, 이를 활용해 개발한 장치와 시스템으로 비즈니스를 수행하겠다는 생각이었다. 그러나 2008년경

●●● 대신 바이오브릭재단은 상표권을 통해 부품에 대한 지식재산권을 직접 확보했다. 재단 측은 2011년 6월 합성생물학 5.0 대회에서 기존의 바이오브릭 부품에 대한 상표권을 BioBrick™의 이름으로 등록했다. 여기서 TM은 상표권을 뜻하는 Trade Mark의 머리글자이다. 바이오브릭재단 홈페이지의 FAQ에 따르면, 상표권을 등록한 이유는 법적인 테두리 아래에서 자유로운 사용을 보호하고 기술적인 표준을 개방하기 위한 것이다.[26]

엔디는 자신의 생각에 심각한 문제점이 있다는 것을 깨달았다.[24] 부품, 장치, 시스템이란 개념이 시간에 따라 변할 수 있다는 사실 때문이었다. 가령 암을 파괴하는 박테리아는 현재 하나의 시스템으로 보이지만, 몇 년 뒤에는 새로운 시스템의 기본적인 단위 즉 부품으로 다시 규정될 수 있다. 합성생물학자들이 생명체에 대해 설정하고 있는 추상적 위계에서 현재의 장치와 시스템이 시간이 지날수록 점점 하위로 밀려나게 되리라고 전망한 것이다.

이상과 같이 지식재산권의 확보에 대해 잘 정돈되지 않은 절충안이 제시되었기 때문에 아이젬 대회는 향후 지금까지와 같은 호응을 유지해나갈 수 없을 것이라는 주장이 제기되고 있다. 아이젬 대회의 성과물에 대해 특허 등록이 가능하다면, 오픈소스 정신을 지지하는 사람들의 참여가 줄어들 것이라는 이유에서다. BPA에 따르면 사용자는 대회에서 새롭게 개발한 부품 등을 표준생물학부품목록에 기부하도록 규정하고 있다. 하지만 BPA는 저작권이나 특허처럼 법률로 규정된 것이 아니기 때문에 이 같은 기부 규정은 단순한 권고에 그칠 가능성이 있다.[25] 이런 조건에서는 사용자가 새롭게 개발한 성과물을 표준생물학부품목록에 기부하지 않고 별도로 특허를 취득할 수 있다. 그렇다면 수준 높은 성과물은 점차 표준생물학부품목록에 제공되지

않을 가능성이 있다. 이는 수정한 소스코드를 배포할 때 원래의 라이선스에 준해야 한다는 오픈소스 운동의 원래 정신과 근본적으로 차이를 보이는 지점이다.[27]

사용자가 이런 행동을 보인다면 개발자로서는 자신이 특허까지 취득한 부품을 바이오브릭재단에 로열티를 받지 않은 채 누구나 사용할 수 있도록 제공할 동기가 사라진다.[28] 그렇다면 단지 인류애적 제스처만이 기부의 유일한 동기로 남게 될지도 모른다.[29]

아이젬 대회 참가자들의 일부는 특허 등록에 부정적인 듯하다. 2009년 한 참가팀이 자신의 프로젝트에 사용된 부품 세 개에 특허가 등록되어 있다고 발표하자 청중석에서 야유가 쏟아진 것이다.▲[30]

▲ GenSpace 역시 참가자들의 성과물에 대한 소유권을 인정한다는 점에서 바이오해커 집단 내에서 비판의 목소리가 나오고 있다.[33]

▲▲ 특허 괴물은 학술 용어로 비실시기업non-practicing entity이라 불린다. 여러 회사의 특허를 구매해서 소유하되 자신이 직접 상품을 생산하지 않고 특허침해소송을 통해 수익을 창출하는 비즈니스 모델을 갖춰 활동하는 기업을 지칭한다. 비실시기업의 위협에 대응하기 위해, 역시 특허를 구매해 특허침해소송을 무력화시키려는 목적으로 방어적 비실시기업이 등장했다.[34] 비실시기업의 대표 사례로 리눅스 진영에서 IBM 등이 중심이 돼 설립한 특허관리회사인 OIN, Open Innovation Network이 있다. 여기에 가입한 기업들은 OIN에 제공한 각자의 특허를 무료로 제공하고 사용할 수 있다. 구글이 처음 계약을 체결한 이후 100개가 넘는 기업들이 참여하고 있다.[35]

바이오브릭재단은 다른 한편으로 이른바 특허 괴물patent troll▲▲의 위협으로부터 자유롭지 못하다.[31] 만일 바이오브릭재단에 부품을 제공한 생명공학 기업이 파산하거나 파산 직전에 이르렀을 때 특허 괴물이 해당 특허를 대량 구매한다면, 바이오브릭재단은 막대한 로열티를 요구받을 수 있다. 표준생물학부품목록을 설계한 레트버그는 이런 상황을 염려하며 "어느 날 특허 괴물이 MIT에 메일을 보내 바이오브릭재단의 문을 닫게 할 수 있다는 점이 걱정"이라고 말한 바 있다.[32]

한편 바이오브릭재단의 부품이 오픈소스의 자격 요건에 많이 못 미치고 있는 현실도 향후 아이젬 대회의 진행에 걸림돌이 되고 있다. 오픈소스는 그 개방 대상이 소프트웨어든 하드웨어든 누구나 소스코드나 매뉴얼에 따라 원래 개발자와 동일하게 재현할 수 있어야 한다. 그러나 최근까지 바이오브릭재단의 많은 부품이 합성생물학자들이 추구해온 표준화를 이루지 못했다는 것이 중평이다. 레트버그 역시 이 같은 사실을 인정하고 있다. 그는 아이젬 대회 참가자들이 주문하는 수많은 부품의 품질을 보증하기 어렵다고 밝혔다.[36] 부품의 기능이 정확히 무엇인지 제대로 규명되지 않았으며, 규명되었다 해도 세포의 종류나 실험 조건에 따라 기능이 제대로 발휘되지 않는 상황이 자주 발생한다는 것이다.*

실제로 아이젬 대회 참가자들은 표준생물학부품목록에 등록된 부품이 제대로 작동을 하지 않아 많은 곤란을 겪었다. 예를 들어 이탈리아 파비아대학팀은 미생물에서 젖당의 발효를 최적화하기 위해 먼저 표준생물학부품목록에서 여러 프로모터를 선택해 대장균에 삽입하는 실험을 수행했는데, 일부 프로모터는 설명이 부족해 판단이 어려웠고 어떤 프로모터는 작동하지 않았다.[37] 2010년 7월 대회 참가자들을 대상으로 조사한 결과 당시 1만3413개 부품 가운데 1만1084개가 작동하지 않는다는 사실이 밝혀지기도 했다.[38] 그래서 부품을 사용하기 전에 제대로 작동하는지 주의 깊게 확인해야 할 필요가 생겼다.[39]

바이오브릭재단은 부품의 표준화 문제를 해결하기 위해 대회 참가자들에게 각 부품의 기능을 상세하게 기록한 문서를 첨부하라고 요청하는 한편, 제출된 부품의 기능이 문서의 설명대로 작동하는지를 일일이 분석하고 있다.[40] 이 과정을 효율적으로 진행하기 위해 바이오브릭재단은 RFC_Request For Comments** 작성 절차를 마련해 부품별 표준화에 필요한 조건과 기술에 대한 대회 참가

* 이 외에도 사용자가 표준생물학부품목록을 통해 제공받은 부품이 돌연변이로 인해 기능을 상실할 수 있다는 문제도 제기된 바 있다.[41]

** RFC는 인터넷 분야에서 사용되는 용어로, 개발 공동체가 구현한 새로운 기술의 상세한 제작 과정을 알려주는 문서를 뜻한다. 사용자들은 제각기의 의견을 개진하며 새로운 RFC를 작성해나감으로써 표준화된 최선의 프로토콜을 만드는 데 도움을 준다.

자들의 의견을 인터넷에서 취합하고 있다.[42]

특허 등록을 통한 독점적 상업화의 가능성은 자가 헬스케어 프로젝트에도 열려 있다. 그 가능성은 바이오해커 집단 자체보다는 기존의 DTC 유전자검사 서비스 회사나 생명공학 회사에서 실현될 수 있다. 오픈소스 정신을 표방하며 자신의 유전정보를 기꺼이 공개한 참여자들로서는 받아들이기 어려운 대목이다.

실제로 23앤드미는 2012년 5월 28일 파킨슨병 환자를 치료할 수 있는 유전자(SGK1) 돌연변이를 발견하고 이를 특허로 등록했다. 당시 회사 대표는 홈페이지에서 특허가 논란을 일으킬 수 있음을 인정하면서도, 돌연변이 유전자의 염기서열 정보는 생명공학 회사나 제약회사가 파킨슨병 치료 약물을 개발하는 데 중요하게 작용할 것이라고 밝혔다. 또한 연구자 누구에게나 로열티 없이 이 유전정보를 사용할 수 있게 하겠다고 언급했다. 그러나 23앤드미가 이 특허를 어떤 방식으로 활용할지에 대해서는 23앤드미 회원들이 제대로 파악할 길이 없는 실정이다.●●●

●●● 2013년 인간 브라카 유전자의 특허를 인정하지 않은 미국 연방대법원의 판결은 단지 몸에서 분리된 유전자 자체에 대해서만 적용된다. 유전자에서 단백질 부위를 만들어내는 염기부위인 엑손exon만 남기고 주변의 염기부위인 인트론intron을 제거해 만든 cDNA, complementary DNA는 여전히 특허 대상으로 인정했다.[44] 23앤드미의 특허 대상이 유전자 자체인지 cDNA인지는 불확실하다.

2013년 11월 7일 영국에서 PGP가 발족했을 때도 참여자들의 유전정보가 기존의 기업들에 의해 독점적으로 상업화될 가능성이 크다는 비판이 언론매체에서 제기되었다.[43] 영국의 PGP는 미국 하버드대학의 PGP를 모델로 삼았으며, 질병을 앓고 있거나 가족력이 있는 사람을 대상으로 첫해 50명을 모집하고 최종적으로 그 수를 10만 명까지 확대하겠다는 목표를 세웠다. 문제는 PGP를 후원하는 기업들이 취합된 유전정보를 활용해 상업화하는 데 몰두할 가능성이었다. 시장 규모가 커지면 PGP는 결국 이들 기업과 별도의 계약을 맺게 될 것이고, 유전정보를 제공한 참여자들은 계약 과정에서 배제될 수 있을 것이다.* 이후 기업들이 유전정보에 대한 특허를 취득할지 여부는 아무도 예측할 수 없는 상황이다. 실제로 미국에서 환자들의 건강정보를 취합하고 있는 많은 회사는 그 재원을 제약회사에 의존하고 있어 언제든 정보가 제약회사로 전달될 가능성이 열려 있다. 일례로 페이션츠라이크미는 제약회사로부터 회원들의 데이터를 판매하라는 제안을 받은 바 있다.[45]

* PGP의 등장 이후 영국에서는 최근 DTC 유전자검사 서비스 회사의 문제점을 지적하는 여론이 점차 형성되고 있다. 영국에서 지난 2년간 유전정보 제공 웹사이트 수는 두 배 증가해 38개에 달한다. 평균 검사료는 500달러 수준이며, 주로 조상과 친자를 확인하는 일에 맞추어져 있다. 이에 대해 영국 런던대학 유니버시티 칼리지의 진화유전학 마크 토머스 교수는 조상 계보를 유전자로 찾는 일이 실제로는 전문가들이 달려들어도 상당히 난해한 작업이라고 설명하면서, 현재의 유전정보 서비스 아이템은 하나의 비즈니스일 뿐이고, 이 비즈니스는 "유전자 점성술genetic astrology"에 불과하다고 밝혔다.[46]

한편 발광식물 프로젝트의 경우 아직 진행 중이기 때문에 향후 어떤 방식으로 상업화될지 현재로서는 파악할 수 없다. 킥스타터 홈페이지에는 "우리가 제공한 유전자를 누구나 변형해 선물하거나 판매할 수 있다"고만 언급되어 있다. 이처럼 프로젝트 성과물에 대한 구체적인 라이선스를 제시하지 않은 상황이기 때문에 향후 어떤 조건으로 사용자가 그 성과물을 활용할 수 있는지는 미지수다. 다만 이 언급대로라면 프로젝트팀원들은 자체 개발한 발광 유전자를 특허로 등록하지 않을 것 같다.

하지만 발광 유전자를 개발하는 과정에서 애기장대가 아닌 다른 식물에 적용될 수 있는 유전자를 새롭게 개발할 가능성이 존재한다. 이 새로운 합성유전자를 특허로 등록할 수 있는 기회는 얼마든지 열려 있는 것이다. 그렇다면 발광식물 프로젝트의 출범에 결정적인 아이디어를 제공한 아이젬 대회의 성과물은 결국 제3자의 독점적 상업화의 길을 열어주는 셈이다. 그동안 생명공학 업계에서 아이젬 대회의 성과물에 대한 관심을 지속적으로 보여왔고, 2012년부터 기업들에게 대회 참가의 기회를 제공하기 시작한 점이 한편으로 독점적 상업화에 대한 우려를 낳고 있는 이유다.

BioCurious에서 진행 중인 3D 바이오 프린터 프로젝트 역시 그 성과물에 대한 독점적 상업화의 가능성이 열려 있다. 발광식물 프로젝트는 BioCurious의 생체발광 프로젝트의 일부에서 독립되었다. 현재까지 개발된 바이오 프린터는 오픈소스 정신 아래 누구에게나 개방되어 있지만, 재료로 사용된 유전자변형 미생물과 하드웨어 모두 누군가에 의해 특허로 등록될 가능성이 있다. 물론 일반적으로 오픈소스 하드웨어에는 오픈소스 소프트웨어처럼 라이선스가 존재한다. 하지만 라이선스가 아직 제대로 확립되지 못해 해석의 여지가 많은 상황이다.

오픈소스 하드웨어에서 개방의 대상은 물리적 가공물의 설계도와 하드웨어를 작동시키는 소프트웨어의 두 부분으로 구성된다. 이들이 오픈소스 소프트웨어의 개방 대상인 소스코드에 해당한다. 라이선스는 바로 이 두 부분에 대해 적용된다. 사용자는 제품별로 공표된 라이선스에 준해 자유로운 활용이 가능하다. 하지만 오픈소스 하드웨어가 최근에서야 사회적으로 부각되고 있으며, 그 정의나 개념조차 정확하게 통일되어 있지 않다.[47] 따라서 라이선스 역시 오픈소스 하드웨어에 적합한 고유의 유형이 아직까지 드러나지 않고 있다. 업계에서 통상적으로 따르는 개념은 오픈소스 하드웨어 협회OSHWA,Open Source Hardware Association가 마련한 것으로, 2013년 12월 현재 1.0 버전을 공개했다. OSHWA는 얼리샤 깁, 지미 로저스 등 하드웨어의 오픈소스 운동에 관심이 많은 다양한 인물이 모여 2012년 설립한 비영리기구다.

OSHWA 홈페이지는 오픈소스 하드웨어 라이선스의 경우 오픈소스 소프트웨어의 다양한 라이선스를 포괄하는 식으로 설명한다. 즉 비교적 엄격한 GPL에서 비교적 자유로운 BSD에 이르기까지, 다양한 라이선스의 적용이 가능하다고 설명하는 것이다. 이와 함께 흔히 저작물만을 대상으로 하는 자유이용 라이선스인 CCLCreative Commons License도 적용이 가능하다고 되어 있다. CCL은 자신의 창작물에 대해 일정한 조건 아래 다른 사람의 자유로운 이용을 허락하는 라이선스다. 여기서 일정한 조건이란 보통 저작자의 이름, 출처 등을 표시해야 한다는 조항인 저작자 표시Attribution, 저작물을 영리 목적으로 이용할 수 없다는 조항인 비영리Noncommercial, 저작물을 변경하거나 저작물을 이용한 2차적 저작을 금지한다는 조항인 변경금지No Derivative Works 그리고 2차적 저작물을 허용하되 2차적 저작물에 원래 저작물과 동일한 라이선스를 적용해야 한다는 조항인 동일 조건 변경 허락Share Alike 등 네 가지 조건이 기본이다. 원래 저작자는 이들 네 가지 조건의 적절한 조합의 형태로 자신의 라이선스 내용을 공표한다(www.cckorea.org). 오픈소스 하드웨어의 라이선스에서 CCL을 포함하는 이유는 하드웨어의 설계도가 저작물의 일종으로 분류될 수 있기 때문이다. 전체적으로 오픈소스 하드웨어의 경우, 수정된 설계도를 공개하는 일은 의무일 수도 있고 아닐 수도 있다. 또한 사용자가 오픈소스 하드웨어 설계도나 소프트웨어를 수정해 상업화하거나 여타 제품들과의 결합을 통해 새로운 제품을 만드는 일이 가능하다.

바이오 프린터 프로젝트에서 사용된 아르두이노 라이선스의 경우, 설계도에 해당하는 원본 디자인 파일(Eagle CAD)은 CCL 라이선스에 따라 '저작자 표시−동일 조건 변경 허락'이라는 이용 조건을 명시했다. 즉 사용자는 저작자를 밝히면 자유롭게 아르두이노 디자인 파일을 변경할 수 있으며, 영리 목적의 활용도 허용된다. 다만 2차 저작물을 만들 경우 원래 저작물과 동일한 라이선스를 적용해야 한다. 그리고 아르두이노 소프트웨어에 대해서는 오픈소스 소프트웨어에서 사용되는 라이선스를 적용했다. 자바 환경의 소스코드는 GPL에 따르고, C/C++ 마이크로컨트롤러 라이브러리는 LGPL에 따른다고 명시했다(arduino.cc).

08

인체와 환경에
위협을 가할 가능성

바이오해커 집단의 등장은 이제 생명체를 다루는 실험이 더 이상
제도권 전문가만이 수행할 수 있는 영역이 아니라는 점을 알려준다.
최근까지 바이오해커 집단을 이끄는 주요 인물들이 각 활동 분야와
관련해 석박사급의 전문교육을 받은 것은 사실이지만 대부분의 바이
오해커는 아마추어 수준으로 추측된다. 따라서 이들의 실험 과정과
그 결과에 대한 사회적 우려가 제기되고 있다. 일반적으로 과학기술
분야에서 인류의 공익을 추구하고 생명의 본질에 대해 탐구하는 등
아무리 좋은 의도를 갖고 연구를 수행한다 해도 예상치 못한 결과는
늘 발생할 수 있다. 아마추어 수준의 바이오해커가 수행하는 실험에
대한 우려가 발생하는 것은 당연한 일이다. 더욱이 바이오해커는 제
도권 전문가와 달리 각자의 호기심과 문제의식을 바탕으로 자유롭게
연구 주제를 선정하기 때문에 스스로 연구 주제를 세상에 알리지 않
는 한 어떤 위험스런 실험들이 진행되고 있는지 누구도 감지하기 어렵
다. 바이오해커 집단이 생명공학과 의학 분야에서 혁신을 추동할 잠

재력을 지녔다 해도 그 위험성에 대한 사회적 견제가 강해지면 최근까지와 같은 활발한 활동의 흐름은 지속되기 어려울 것이다.

초창기 바이오해커 집단이 등장했을 때, 이들의 활동에 대한 우려는 주로 합성생물학에 대한 우려와 거의 일치했다. 그 이슈는 크게 생물안전성biosafety과 생물안보biosecurity의 범주에 맞추어져 있었다. 생물안전성 이슈는 연구자의 의도와는 달리 유전자변형 생명체가 인체와 환경에 위해한 결과를 낳는 문제를 의미한다. 이에 비해 생물안보 이슈는 연구자의 의도 자체가 인류에 해를 미치는 경우, 즉 특정 개인이나 집단의 야욕을 채우기 위해 병원성 미생물을 새로 합성해 방출하는 바이오테러의 문제를 뜻한다.* 그러나 바이오해커 집단의 프로젝트가 3D 바이오 프린터처럼 점차 하드웨어 영역까지 확장되고 있고 자신의 신체를 대상으로 변형을 시도하는 사례들이 등장함에 따라 실험 과정에서 발생할 수 있는 안전사고 문제도 새롭게 부각되고 있다. 여기서는 앞에서 소개한 네 가지 프로젝트를 사례로 삼아 이 세 가지 이슈를 중심으로 바이오해커 집단의 활동에 대한 사회적 우려를 설명하려 한다.

먼저 실험 과정에서 발생할 수 있는 안전사고 이슈를 살펴보자. 유전자변형 생명체를 합성하고 있는 바이오해커 집단의 경우 이들의 전공은 생물학 외에도 물리학, 화학, 공학, 컴퓨터 등 다양한 분야에 속한다. 또한 생물학 전공자라 해도 학부생 수준인 경우가 많다. 따라서 전체적으로 생물안전성과 관련된 교육과 훈련을 제대로 받은 바가 없으며, 실험 과정에서 예측할 수 없는 사고가 발생할 가능성이 항상 존재한다.[48] 바이오해커 집단에서 초보자를 위해 준비한 실험키트 제작 안내문에는 단순히 사용법만을 설명할 뿐, 실험실 안전에 관해서는

* 생물안전성과 생물안보의 기본적인 개념은 2004년 세계보건기구WHO의 실험실 안전 매뉴얼에 소개되어 있다.[49] 합성생물학의 위험에 대한 대부분의 논의 역시 이 분류에 따라 진행되고 있다.

짧은 비디오를 방영하는 수준에 그치는 경우가 많다.

실험상의 안전에 대한 교육과 정보가 불충분한 상황에서 사용자가 불이익을 당할 경우 그 책임 소재가 불분명하다는 문제도 있다. 예를 들어 BioCurious의 어떤 인물이 개발이 완료된 3D 바이오 프린터의 제작키트와 매뉴얼을 초보 바이오해커에게 저렴한 가격으로 판매하는 상황을 떠올려보자. 이 바이오해커는 일단 시험용으로 가정에서 매뉴얼에 따라 프린터를 조립하고 제작키트에 포함되어 있는 식물세포를 재료로 삼아 나뭇잎을 프린팅하려고 시도할 것이다. 이때 식물세포가 잎의 모양을 갖추지 못하고 흩뿌려져 집안 곳곳으로 퍼져나가 음식을 오염시키거나 가족에게 알레르기 반응을 일으킨다고 가정해보자. 미국의 경우 사용자는 자신의 불이익에 대해 법적으로 보상받기 어려운 상황이다.

미국의 제조물 책임product liability 법률에 따르면, 일반적으로 제조물에 결함이 있어 사용자가 불이익을 받을 경우 사용자는 소송에서이길 가능성이 크다. 하지만 3D 프린터의 제조물에서는 상황이 달라진다.[50] 가정에서 3D 프린터를 사용해 결함이 있는 제조물이 발생했을 때 당장 떠올릴 수 있는 피고는 제조업자일 것이다. 이때 원고(사용자)가 승소하기 위해서는 프린터가 결함이 있는 제조물을 대량으로 프린트한다는 사실을 보여줘야 할 뿐 아니라 프린터 자체에 결함이 있다는 점도 제시해야 한다. 그것도 가정에서의 프린트 시점이 아니라 제조업자가 소유하고 있던 시점에서 결함이 있었음을 증명해야 한다. 한편 소프트웨어 설계자를 대상으로 소송을 제기할 수도 있겠지만, 제조자의 경우에 비해 승소할 가능성이 더욱 낮아진다. 현행 제조물 책임 법률에서는 주로 유형의 제조물에 관여된 사람에 한해 피고로 인정하기 때문이다. 그리고 무엇보다 제조자와 소프트웨어 개발자가

● 현재 미국의 제조물 책임 법률은 주로 상업적 판매자에게 엄격히 적용되고 있다. 예를 들어 상한 레모네이드나 부패한 잼을 집에서 만들어 파는 임시 판매자의 경우 이 법률이 적용이 어렵다.[51]

모두 전문 업체 소속이 아니라 바이오해커 집단처럼 취미 발명가의 수준이라면 현행 법률을 엄격히 적용하기 어렵다.●

크레이그 벤터가 구상하고 있는 바이러스 백신 프린터가 실현되었을 때 예기치 않은 오류가 발생한다면 책임 소재는 더욱 불분명해질 수 있을 뿐 아니라 사용자의 건강도 심각하게 위협받을 수 있다. 예를 들어 이 프린터의 소프트웨어가 활용하는 디지털 데이터가 전송 과정의 오류로 인해 변형된다면 사용자는 엉뚱한 화학구조를 가진 백신을 만들어낼 것이다.

신체를 대상으로 실험을 준비하고 있거나 수행하고 있는 바이오해커의 경우 안전 문제는 더욱 심각하게 다가온다. 자신이 얻은 건강정보 또는 약물정보가 질병의 진단과 치료에 얼마나 연관되는지 과학적으로 충분히 규명되지 않을 수 있기 때문이다.

●● 인간게놈프로젝트의 결과가 시사하듯 이 질병은 어느 한 가지 유전자만이 잘못돼 발생하는 것이 아니다. 이전에 과학자들은 인간의 단백질이 대략 10만 개이고, 하나의 유전자가 하나의 단백질을 만든다고 가정했다. 그러나 인간게놈프로젝트 결과 인간의 유전자는 3만~4만 개에 불과했다. 과학자들은 이들 유전자가 복합적인 상호작용을 통해 10만 개가량의 단백질을 만든다는 사실을 알게 되었다. 생명체의 중요한 특성인 중복성과 다양성을 고려하면 그 이유를 어느 정도 이해할 수 있다. 고등생물에는 한 가지 기능을 수행하는 유전자가 여러 개 존재하는 경우가 많다(중복성). 또한 한 가지 유전자가 여러 기능을 수행하기도 한다(다양성). 따라서 어느 한 가지 유전자의 이상으로 단백질이 비정상적으로 생성돼 특정 질병에 걸릴 것이라는 예상은 지나치게 단순한 판단이다.[52]

근본적으로 유전정보는 사람이 질병에 걸리는 이유를 모두 설명할 수 없다. 특정 유전자에 돌연변이가 생기면 특정 질병에 걸릴 확률이 어느 정도인지 통계 수치로 알 수 있을 뿐이다. 더욱이 하나의 질병에 관여하는 유전자는 여러 개일 가능성이 크다.●● 또한 특정 질병에 대한 유전자를 모두 보유했다 해도 환경에 따라 그 질병이 발생하지 않을 수도 있다. 예를 들어 안젤리나 졸리가 유방암절제수술을 결정한 이유는 자신처럼 돌연변이 브라카 유전자를 가진 사람들 가운데 80세에 유방암에 걸린 비율이 통계적으로 87퍼센트에 달했기 때문이다. 졸리는 자신이 나머지 13퍼센트에 해당할 수도 있다고 생각했겠지만 발병 비율이 상당히 높았기 때문에 확실한 예방 차원에서 수술을 받았을 것이다. 한편 특정 질병의 원인으로 의심되는 돌연변이 유전자를 갖지 않았다 해도 얼마든지 그 질병에 걸릴 수 있다. 예를 들어 브라카 유전자의 돌연변이를 가진 여성의 유방암 발병 비율은 전체 유방암 발병의 5~10퍼센트 정도로 알려져 있다.[53] 따라서 유전정보를 바탕으로 자신의 발병 가능성을 제대로 파악하기 위해서는 전문 유전상담사와 의사의 판단이 필요하다.*

그러나 DTC 유전자검사 서비스 회사로부터 유전정보를 제공받은 참여자들의 대부분은 유전자와 질병 관계를 통계적으로 소개한 웹사이트나 회사 측의 자료를 보고 자신의 발병 가능성을 스스로 판단하고 있다. 따라서 자신의 유전자와 관련된 통계 수치가 의학적으로 어떤 의미를 갖는지 파악하기 어려울 수 있다. 더욱이 그 자료 가운데에는 엄격한 통계기법을 통해 도출되지 않거나 통계적으로 유의미하지 않은 결과도 다수 포함되어 있다.[54] 예를 들어 자신의 유전정보에 맞는 비타민을 선택하기 위해 복용 실험을 수행한 매콜리와 동료들의 수는 불과 다섯 명이었다. 당시 매콜리는 실험 결과를 다른 사람들에게 공개하는 한편 자신에 적합한 비타민이 어떤 것인지를 스스로 판단했다. 하지만 동료의 한 명인 DIYgenomics의 스완은 피험자의 수가 너무 적기 때문에 이 실험 결과가 통계적으로 유의미할 수 없다는 이유로 매콜리의 결정에 반대했다.[55] 이후 스완은 좀더 많은 피험자를 모아 데이터를 분석할 필요를 느끼고 지노메라와 공동 연구를 수행하기 시작했다.

* 최근에는 제도권 전문가가 유전자검사를 한다 해도 그 결과를 통보할지 말지를 결정하는 권한을 피험자에게 주어야 한다는 내용을 담은 미국 정부의 보고서가 나오기도 했다. 과학기술의 발달로 누구나 검사를 하면 예상치 못한 비정상 유전자를 발견할 수 있다. 그리고 그 유전자가 과학적으로 충분히 규명되지 않을 경우 피험자에게 아무런 도움을 줄 수 없다. 이 문제에 대해 2013년 12월 대통령 산하 생명윤리자문위원회Presidential Commission for the Study of Bioethical Issues는 예상치 못한 결과에 대해 통보를 받을지 말지를 피험자가 선택할 수 있어야 한다고 권고한다.[56]

과학적 통계 처리의 미숙함으로 인한 문제는 미국 루게릭병 환자 집단의 자발적 약물 탐색 과정에서도 확인된다.[57] 2008년 페이션츠라이크미의 루게릭병 포럼에서 활동 중인 한 회원이 이탈리아 연구진이 보고한 한 편의 논문[58]을 접한 것이 사건의 계기였다. 연구진은 루게릭병 환자를 대상으로 한 1차 임상시험에서 탄산리튬lithium carbonate을 44명의 환자에게 투여한 결과 병의 진행속도가 상당히 늦춰졌으며, 탄산리튬을 투여하지 않은 환자 16명은 15개월 내에 모두 사망했다고 밝혔다. 페이션츠라이크미의 루게릭병 환자들은 이 소식을 인터넷을 통해 신속히 전파했으며, 회원 가운데 348여 명의 환자가 탄산리튬을 구입해 직접 투여하기 시작했다. 아직 임상시험 단계에서 다뤄진 물질이기 때문에 당연히 미국 식품의약국FDA의 허가를 받지 못한 상황이었다. 이후 회원들 가운데 최소한 2개월 이상 복용한 149명(12개월 복용 환자 78명 포함)으로부터 약물의 효과를 보고한 내용이 취합되기 시작했다. 그러나 곧 탄산리튬이 루게릭병에 효과를 나타내지 못한다는 결과가 나오기 시작했다. 자신의 아버지가 루게릭병 환자라는 사실 때문에 포럼에 참여하던 한 통계학 전문가, 환자들이 탄산리튬을 투여한 뒤 증상이 어떻게 바뀌는지에 대한 자료를 분석한 결과 통계적으로 유의미한 효과가 없다는 사실을 알아낸 것이다. 그는 2008년 11월 단체 홈페이지에 이 사실을 담은 보고서를 제출했고, 이후 환자들은 탄산리튬의 투여를 중단했다.

당시까지 제도권 의학계에서는 환자들이 FDA의 허가를 받지 않은 물질을 투여하고 중단하는 일을 직접 결정했다는 사실을 모르고 있었다. 하지만 페이션츠라이크미의 한 연구자가 통계학 전문가의 발표 내용을 2011년 4월 학술지에 논문[59]으로 제출함으로써 이 소식이 학계에 알려지게 되었다.

의학계는 즉각 심각한 우려를 표명했다.[60] 탄산리튬이 비교적 안전한 물질이기는 하지만 루게릭병 외에 다른 질환을 동시에 앓고 있는 환자에게는 어떤 부작용이 발생할지 알 수 없기 때문이었다. 환자들이 자신의 증상을 매우 주관적으로 작성해 보고할 가능성이 크기 때문에 신뢰하기 어렵다는 입장이었다. 아염소산나트륨을 투여하고 실제로 자신의 증상이 호전되고 있다고 알린 밸러의 언급도 객관적으로 받아들이기 어려울 수밖에 없었다.*

한편 최근까지의 유전자검사 장비가 낸 결과의 정확도가 얼마나 높은지에 대한 문제 제기도 나오고 있다. 사실 제도권 내 전문가들이 첨단 장비를 동원해 분석한 자료에서도 부정확한 데이터가 도출되는 형편이었다. 예를 들어 조너선 로스버그가 창립한 454라이프사이언스는 2007년 100만 달러 상당의 장비를 동원해 제임스 왓슨의 염기서열 전체를 13주에 걸쳐 분석한 적이 있다.[61] 그런데 그 데이터에는 왓슨이 28세에 걸렸던 기저세포암과 그의 아들이 앓고 있는 정신병에 관련된 정보가 전혀 포함되지 않았다. 심지어 남성인 그에게 돌연변이 브라카 유전자가 발견되어 엉뚱하게도 유방암이나 난소암의 발병 위험이 있다는 결과가 제시되었다.

유전자와 질병과의 관계를 정리한 자료가 표준으로 정립되지 않은 현실도 문제다. 실제로 DTC 유전자검사 서비스의 경우 회사마다 다른 기초 자료를 확보하고 있기 때문에 소비자는 회사별로 다른 결과를 얻을 수 있다.[62] 이 문제점을 확인하기 위해 일부러 동일한 유전정보를 여러 회사에 제공한 뒤 결과를 비교한 사례가 여러 차례 있다. 예를 들어 2008년 과학저술가 데이비드 덩컨은 자신의 DNA를 네

* 밸러와 동료들처럼 임상시험에 참여하지 못하는 환자들이 신약후보물질을 외국에서 수입하는 (또는 비밀 실험실에서 제조하는) 경우, 이 후보물질이 점점 확산됨에 따라 제대로 승인절차를 받지 못한 채 사실상 표준으로 인정받을 가능성도 있다. 후보물질의 약효가 뛰어나다는 보고가 잇따르기 시작하면 사회적으로 FDA에 해당 약물을 조속히 승인하라는 압력이 형성될 수 있으며, 결국 약물에 대한 효능과 안전성에 대한 최종 판단이 미루어진 채 서둘러 FDA의 승인이 나는 식의 '과장광고의 악순환'이 발생할 수 있다는 지적이다.[63]

비제닉스, 23앤드미, 디코드에 보냈다. 그런데 심장마비에 걸릴 유전적 위험도가 각각 높음, 중간, 낮음으로 나온 것이다. 그는 이 내용을 자신의 저서 『실험적 인간Experimental Man』의 한 장에 서술했는데, 그 장의 제목은 "당신 2.0: 나는 불운하다. 또는 그렇지 않다You 2.0: I'm Doomed, Or Not"였다. 2009년에는 벤터가 다섯 명의 DNA를 네비제닉스와 23앤드미에 보냈는데, 두 회사가 7가지 질병에 대해 동일하게 예측한 비율이 50퍼센트 이하에 불과했다. 2010년에는 미국 의회 산하 감사원GAO, Government Accountability Office이 비슷한 상황을 보고했다. 한 사람의 DNA를 세 개 회사에 보낸 결과 전립선암과 고혈압에 걸릴 확률이 평균 이하, 평균, 평균 이상 등으로 제각기 나왔다는 것이다.

이상과 같은 문제점들이 대두되자 정부와 제도권 의료계가 DTC 유전자검사 서비스에 대해 부정적인 견해를 강하게 드러내기 시작했다.[64] 미국의료연합American Medical Association은 FDA에 보낸 서한에서 유전자검사는 반드시 병원에서 의사와 훈련된 유전상담사의 지도 아래 행해져야 한다고 주장했다. GAO 역시 비슷한 맥락에서 관련 업계의 서비스에 대해 비판적인 입장을 보였다. 마침내 2010년 여름 FDA는 서비스 회사들에게 공식 서한을 보냈다.** 서비스 회사가 유전자검사를 위해 참여자에게 타액이나 혈액 샘플을 담는 검사키트를 유료로 판매하는 일은 의료행위에 해당하기 때문에 정부의 공식 검사와 허가가 필요하다는 내용이었다. 그 결과 한동안 일부 회사는 FDA와의 협의를 진행하기 위해 몇 차례 회의를 진행했다.

그러나 2013년 11월 22일 FDA가 서비스 회사들의 운영을 저지하

** 최근 여러 회사가 단순히 유전정보 제공에서 전문가 그룹과의 협조 모델을 갖추기 시작한 데에는 미국 정부가 소비자의 잘못된 판단에 대한 우려를 표한 것이 계기가 되었다.[65]

기 위한 구체적인 행동을 취했다. FDA는 23앤드미의 대표에게 유전자 검사 서비스를 당장 중단하라는 경고 서한을 발송하고 그 내용을 홈페이지에 공개했다. 15일 이내에 답변을 하지 않으면 "압수, 금지명령, 범칙금 부과"를 시행할 수 있다는 강력한 경고가 담겨 있었다. FDA가 직접적인 행동에 나선 이유는 23앤드미가 100만 명을 목표로 유전자 검사를 원하는 참여자를 모집한다는 홍보 캠페인을 대대적으로 벌이기 시작했기 때문이다.[66] 당시 23앤드미는 미디어콘텐츠 유통기업 넷플릭스의 경영 간부를 영입하면서 이전까지 입소문으로 회원을 모집한 것과 달리 공격적인 홍보 활동을 펼친 것이다. 회사 대표는 홍보 동영상을 통해 안젤리나 졸리가 유방절제수술을 받은 일을 언급하며, 이것이 우리의 희망이자 미래라고 목소리를 높였다. 하지만 곧 FDA의 경고 서한을 수용하고 유전자검사 서비스를 중단한다고 밝혔다.

FDA의 경고 서한에는 23앤드미의 유전자검사키트가 정확한 결과를 보장하지 못하기 때문에 일반인에게 혼란을 유발하고 잘못된 판단을 야기할 수 있다는 내용이 담겨 있었다.* 경고 서한에는 졸리를 의식한 듯 브라카 유전자를 예로 들어 일반인의 피해 가능성이 언급돼 있었다. 만일 유전자검사 결과가 사실과 다르게 나온다면, 여성들이 쓸데없이 수술을 받거나, 반대로 질병 가능성에도 불구하고 오랫동안 몸을 방치할 수 있다는 것이다.**

> * FDA가 공개서한을 보낸 지 며칠 뒤 샌디에이고에 거주하는 한 여성이 캘리포니아 주 법원에 23앤드미를 상대로 500만 달러를 배상하라는 내용의 소송을 제기했다. 그녀는 자신이 9월 검사키트를 구입하고 11월 중순 통보받은 결과를 토대로 23앤드미가 틀린 정보를 제공하면서 장사를 하고 있으며, FDA 규정에 어긋나게 광고를 하고 있다고 주장했다. 이에 대해 23앤드미의 지지자들 가운데 일부에서는 그녀의 소송이 느닷없다는 반응이 나오기도 했다.

하지만 많은 논란 속에서도 외국의 유전자검사 업체들은 사회적으로 재기를 노리고 있는 듯하다. 대표 사례가 23앤드미의 영국 진출이다. 미국 FDA로부터 서비스 중단 명령을 받은 지 1년 만의 일이다. 영국 정부는 미국에서의 논란을 벗어난 범위에서 서비스를 허용한다고

중단했지만 족보를 파악하기 위한 유전자
검사는 지속하고 있다. 2013년 12월 이후
23앤드미는 자사 소개 문구에서 '건강 확
인을 위한 유전검사'라는 표현을 생략하
고 '세계 최대 규모의 DNA 족보검사 서비
스'라는 문구를 담았다. 23앤드미는 FDA
의 허가 여부에 따라 질병검사용 서비스가
재개될 수 있다고 언급했다. 당시까지 FDA
의 서한을 받은 여러 회사는 당분간 유전
자검사 서비스를 중단하기로 결정했다. 하
지만 easyDNA라는 회사는 신청자들이
DNA 샘플을 가정이 아닌 담당 의사나 전
문기관을 통해 확보하도록 유도하는 방식을
채택하면서 유전자검사 서비스를 지속하고
있다.

밝혔다. 그러나 영국에서도 미국에서와 동일한 논란이 그대로 재연되고 있다. 심지어 '맞춤형 아기'가 태어날 가능성이 커졌다는 목소리도 나오고 있다. 무슨 일이 벌어진 걸까?

2014년 12월 2일 영국 보건부 산하의 의약품 규제기관 MHRA은 23앤드미의 유전자검사를 허가한다고 발표했다. 검사 가격은 한화로 약 22만 원이다. 검사 장비에 타액을 넣어보내면 두 달 뒤에 홈페이지에서 유전정보를 확인할 수 있다.

보건부는 23앤드미의 서비스가 미국에서와는 다르게 진행된다고 밝혔다. 가령 개인별로 약물 반응도에 대한 정보를 제공하지 않으며, 잘못된 결과가 나올 경우 정부에 신고할 수 있도록 조치하겠다는 등의 단서 조항을 제시했다. 어떤 경우에도 100퍼센트 신뢰할 수 있는 검사란 없다는 말도 남겼다. 하지만 막상 미국의 상황과 어떤 차이가 있는지 알기 어렵다.

그래서인지 반대 여론이 각계에서 속속 형성되고 있다. 특히 영국의 알츠하이머협회가 제시한 권고안이 상징적이다. 자신의 기억력에 의심이 생기면 가장 먼저 담당 전문가와 상의해야지 집에서 유전자검사를 하지 말라는 것이다.

결국 검사업체만 막대한 경제적 이익을 챙기는 것 아니냐는 비판도 나왔다. 소비자에게 검사 장비를 판매한 수익과 함께, 여기서 얻은 유전정보를 다른 기업들과 공유해 새로운 이익을 창출할 것이라는 지적이다. 실제로 23앤드미가 창립할 때 자금을 지원한 구글은 2014년 8월 인체 유전자정보를 대대적으로 수집하고 분석하는 일명 '베이스라인 스터디Baseline Study' 프로젝트를 발족한 바 있다.

영국은 2015년 내내 맞춤형 아기의 허가 여부와 관련해 세계적인 논란의 중심에 선 나라이기도 하다. 세포에서 유전자의 99퍼센트 이상은 핵 안에 존재한다. 나머지 유전자는 핵 바깥의 세포질에 분포하는 미토콘드리아에 있다. 만일 여성의 난자에서 미토콘드리아 유전자에 돌연변이가 생기면 자식은 치명적인 질환을 앓을 수 있다. 이 여성 난자의 핵과 다른 정상적인 여성 난자의 세포질을 융합함으로써 문제를 해결하는 방안을 두고 계속 논란이 이어지고 있다. 이는 아기의 선천적 질환을 제거하기 위한 유전자 '변형'에 속하는 영역이다.

이에 비해 23앤드미는 유전자 '선택'의 영역에서 맞춤형 아기의 생산을 예고하고 있다. 2014년 10월 23앤드미는 독특한 특허를 취득했다. 부모의 유전정보를 토대로 자식의 유전정보를 예측할 수 있는 소프트웨어를 개발한 것이다. 만일 여성이 정자를 기증받아 체외수정을 시도하는 경우, 본인의 유전정보와 여러 후보 정자의 유전정보를 23앤드미에 보내 검사를 받은 다음 원하는 특성을 지닌 아기를 출산하는 데 필요한 정자를 선택할 수 있게 되는 것이다. 물론 23앤드미는 가족력을 확인하려는 것일 뿐 이 같은 일을 추진할 계획이 전혀 없다고 단언했다.

검사 장비의 정확도 문제 때문은 아니지만 DTC 유전자검사 서비스 회사의 과대광고로 인해 소비자가 피해를 입을 수 있다는 이유로 정부의 제재가 가해지기도 했다. 2014년 1월 7일 미국 연방거래위원회FTC, Federal Trade Commission는 플로리다 주의 진링크 바이오사이언스GeneLink Biosciences에 대해 소송을 제기했다.[67] 진링크는 영양 상태와 노화에 관련된 SNP를 분석해 각종 질환의 발병 가능성을 알려주는 회사였다. 문제는 신청자들에게 검사 결과를 보낼 때 노화를 억제하고 당뇨, 심장병, 관절염, 불면증 등을 완화시켜준다며 개인별 맞춤형 영양제와 피부건강제를 함께 보냈다는 데 있었다. 이 같은 처방은 과학적으로 전혀 근거를 갖추지 못했다는 것이 FTC의 판단이었다.*

이제 유전자변형 생명체가 인체와 환경에 대해 위협을 가하는 문제를 의미하는 생물안전성 이슈를 살펴보자. 먼저 유전자변형 생명체를 만드는 데 필요한 실험 재료의 안전성 문제가 지적되고 있다. 만일 바이오해커가 자신도 모른 채 독성 재료를 사용해 유전자변형 생명체를 만든다면, 이 생명체가 실험실 밖으로 노출될 경우 인체와 환경에 악영향을 미칠 수 있다. 그 가능성을 경고하는 한 가지 사례가 표준생물학부품목록에 대한 지적이다.

* FTC가 소송을 낸 또 하나의 이유는 진링크가 개인정보를 제대로 관리하지 못했기 때문이다. 진링크는 2008년 이후 3만여 명의 유전정보와 함께 사회보장번호social security number, 신용카드 번호, 연락처 등에 대한 정보를 수집해왔는데, 그 보안 관리가 제대로 이루어지지 않아 소비자의 프라이버시를 침해할 가능성이 크다는 것이었다.[69] 유전정보의 유출로 인한 프라이버시 침해 문제는 영국에서 PGP가 발족할 때도 지적된 사항이다. PGP는 참여자의 이름과 주소를 유전정보와 함께 인터넷에 공개하지 않는다는 방침이지만, 경찰이나 보안 당국, 국경 당국 등이 필요에 따라 얼마든지 이 정보에 종합적으로 접근할 수 있을 것이라는 지적이 나왔다.[70]

최근까지 표준생물학부품목록에 등록된 부품 가운데 독성 물질을 만들 수 있는 부품이 180여 개에 달하지만, 이들 가운데 명확한 주의 경고가 제시된 경우는 단 몇 개에 불과하다.[68] 한 예로 'BBa J7009'라는 부품은 콜레라균Vibrio cholerae에서 추출돼 만들어졌는데, 그 자체는 독성이 없지만 몇몇 독성 단백질을 만드는 유전자가 기능을 수행하도록 활성화시키는 역할을 한다. 하지만 안전성에 대한 서술과 참고문헌 등 사용자가 이 부품을 사용할 때 위험을 감지하고 이해할 수 있도록 도와주는 정보가 없다. 따라서 아이젬 대회 참가자를 비롯한 많은 바이오해커가 이 부품을 별다른 주의 없이 사용해 유전자변형 생명체를 만들 경우 인체와 환경에 예상치 못한 부작용이 발생할 수 있는 것이다.**

** 바이오브릭재단의 BPA에는 부품을 의도적으로 위험하게 사용해서는 안 된다며 생물안전성 문제를 언급했지만 과연 아이젬 대회 참가자가 자발적으로 이를 수용할지는 미지수라는 지적도 있다.[71]

안전한 부품을 사용했다 해도 유전자변형

생명체 자체는 안전성 이슈에서 자유로울 수 없다. 대표적인 사례가 발광식물 프로젝트다.

프로젝트팀은 킥스타터의 후원자들에게 유전자변형 애기장대의 종자를 제공하겠다고 밝혔다. 만일 프로젝트가 성공해 이 종자가 개발된다면 조만간 미국 전역에서 한밤에 은은히 빛나는 유전자변형 애기장대가 자라기 시작할 것이다. 하지만 이 애기장대가 주변 생태계에 어떤 영향을 미칠지에 대해 그리고 그 영향으로 인한 피해가 발생했을 때 누가 책임질 것인지에 대해 아무런 답변이 마련되어 있지 않다.[72]

프로젝트팀의 에번스는 이 같은 지적에 대해 전혀 문제될 소지가 없다는 입장을 킥스타터 홈페이지와 여러 언론매체와의 인터뷰에서 시종일관 밝혀왔다. 유전자변형 애기장대가 생태계에 미칠 영향은 거의 없으며, 미국 정부로부터 합법적인 실험이라는 답변을 받았다는 것이다.

에번스는 홈페이지에서 하버드대학 처치에게 생물안전성에 관해 자문을 구한 결과 애기장대에 삽입될 발광 유전자는 이미 오랫동안 학계에서 연구되어왔으며 병원성을 전혀 띠지 않기 때문에 안전하다는 답변을 들었다고 밝혔다. 또한 유전자변형 애기장대가 다른 식물과 교차수분을 일으킬 가능성은 거의 없다고 했다. 그 근거는 애기장대가 미국의 토속 식물이 아니기 때문에 교차수분을 일으킬 만한 종이 거의 없다는 점, 실험에 사용되는 애기장대가 자가수분을 하는 종이기 때문에 바람과 곤충을 통해 꽃가루가 이동할 가능성이 없다는 점이었다.

에번스는 한편으로 유전자변형 생명체에 대한 실험을 허가받기 위해 정부에 자문을 요청했다. 미국을 비롯한 전 세계에서 인간의 식품이나 동물의 사료로 이용되는 유전자변형 농산물을 생산해 배포하려면, 그 농산물이 인체와 환경에 미치는 영향에 대한 과학적 보고서를 작성해야 한다. 이 보고서가 정부 산하 전문가 심사위원회를 통과해야 비로소 상업적 배포가 가능하다. 미국의 경우 식용 농산물의 인체 위해성은 FDA, 농약 성분을 지닌 미생물의 환경 위해성은 환경청, 전반적인 유전자변형 생명체의 환경 위해성은 농무부가 각각 맡아서 심사를 진행하고 있다.

유전자변형 애기장대는 비식용 식물이기 때문에 미국 농무부의 판단이 중요하다. 농무부는 유전자변형 식물에 대해 두 가지 허용 조건을 제시하고 있다.[73] 첫째, 병원체를 포함한 유전자변형 식물은 허용이 안 된다. 둘째, 외래 유전자를 삽입할 때 아그로박테리움법을 선택할 경우 별도의 안전성 시험 절차를 거쳐야 한다. 아그로박테리움법에 사용되는 박테리아가 최종 산물에서 병원성을 발휘할지도 모르기 때문이다.

프로젝트팀이 만들고 있는 애기장대는 병원성이 없는 발광 유전자가 삽입될 것이기 때문에 첫째 조건에 해당하지 않는다. 이제 남은 문제는 아그로박테리움법을 사용할지 여부다. 프로젝트팀은 시험 단계에서는 관련 분야에서 가장 널리 보급되어 있는 아그로박테리움법을 사용하고, 실제 배포할 때는 입자총 방식을 이용한다는 전략을 세웠다. 상당한 비용과 시간이 요구되는 안전성 시험을 피하기 위해서였다. 따라서 입자총 방식으로 만든 발광 애기장대를 배포할 때 정부 내 어느 부처에서도 문제를 삼을 일이 없어졌다.

에번스는 결론적으로 유전자변형 애기장대를 개발하는 일은 미국에서 합법이며, 팀의 큰 목표는 일반인을 대상으로 새로운 정보와 영감을 제공하는 일이라고 강조했다. 특히 빛나는 애기장대의 종자를 사람들이 강렬하게 원하고 있으며, 이 사실 자체만으로도 개발의 정당성이 확보된다고 주장했다.

하지만 프로젝트팀의 이 같은 주장에 대해 비판적인 의견이 끊임없이 제기되어왔다. 발광식물 프로젝트가 진행될 수 있는 이유는 그것을 가능하게 하는 규제가 있기 때문이 아니라 단지 그것을 불가능하게 하는 규제가 없기 때문이었다.[74] 즉 프로젝트팀은 현재 미국의 법적 규제를 절묘하게 피해갔을 뿐이지 유전자변형 애기장대가 생태계에 야기할 수 있는 위험성은 여전히 남아 있다.

프로젝트의 정당성에 대한 논란은 BioCurious 내에서도 벌어졌다. 이 집단의 방침에 따르면 실험실에서 만들어진 유전자변형 생명체는 실험실 밖 일반인에게 배포되면 안 된다. 그래서 발광식물 프로젝트 팀을 BioCurious에서 공식적으로 방출해야 한다는 주장을 둘러싸고 한동안 찬반양론이 팽팽하게 맞서기도 했다.

발광식물 프로젝트에 대한 비판은 비정부기구에서도 활발하게 이루어졌다. 대표적인 사례가 과학계 전문가로 구성된 세계적인 비정부기구인 ETC 그룹Action Group on Erosion, Technology and Concentration의 문제제기다. ETC 그룹은 발광식물 프로젝트가 킥스타터에서 캠페인을 벌이던 시점부터 프로젝트에 적극 반대하고 나섰다. ETC는 물론 미국 농무부와 킥스타터에 프로젝트를 중지하라는 내용의 서한을 발송하는 한편, 킥스타터와 경쟁 관계에 있는 크라우드 펀딩 사이트인 인디고고에 킥스타퍼Kickstopper라는 이름의 프로젝트를 발족시켰다. 합성생물학으로 수만 개의 애기장대를 미국 전역에 배포하겠다는 위험한 계획의 추진을 반대하기 위해 후원금을 모집한다는 것이 요지였다. 하지만 반응은 발광식물 프로젝트에 비해 현저히 미약했다. 킥스타퍼 프로젝트의 목표 모금액은 2만 달러였지만, 2013년 10월 현재

84명으로부터 2300여 달러를 모금하는 데 그쳤다.

　프로젝트에 대한 비판은 킥스타터로 이어지기도 했다. 원래 킥스타터는 총기류, 마약류, 음란물 등 사회적으로 악영향을 미치는 물질의 개발을 프로젝트 주제로 삼을 수 없다는 자체 규정을 갖추고 있었다. 하지만 발광식물 프로젝트가 사회적 논란을 일으키면서 킥스타터에 대한 문제제기가 발생하자 킥스타터는 8월 홈페이지 가이드라인 코너에 "유전자변형 생명체는 기부자에게 보상으로 주어질 수 없다"는 새로운 조항을 삽입했다. 다만 킥스타터는 이 조항을 추가한 이유에 대해 아무런 설명을 남기지 않았다. 그렇다 해도 문제는 여전히 남아 있었다. 일단 발광식물 프로젝트의 종자는 예정대로 전달될 것이다. 또한 향후 킥스타터에서 유전자변형 생명체를 개발하는 일 자체에 대해서는 얼마든지 펀딩이 가능하다. 킥스타터의 추가 조항은 유전자변형 생명체의 배포를 펀딩의 조건으로 삼는 일을 금지했을 뿐 개발을 위한 펀딩에 대해서는 아무런 제재를 가하지 않았기 때문이다.

　발광식물 프로젝트팀에 비해 5개월 앞서 빛나는 식물을 개발한 바이오글로는 이 같은 사회적 분위기를 의식한 듯 떠들썩한 홍보 캠페인 없이 상대적으로 조용히 연구 성과를 알리고 있다. 홈페이지에는 별빛 아바타가 입자총 방식으로 만들어졌으며, 실내 화분에서 관상용으로 주로 사용되는 종류이기 때문에 외부에 노출될 가능성이 적다는 점이 명시되어 있다. 또한 설사 외부에서 자란다 해도 이 식물이 빛을 발하는 데 많은 에너지가 소모되기 때문에 다른 식물들에 비해 환경 적응력이 떨어지며, 꽃가루에 의해 다른 식물에 유전자가 전달될 수도 없다고 밝혀져 있다. 이미 핵심 기술을 확보했고 발광식물에 대한 대중의 열렬한 반응을 확인한 바이오글로 입장에서 자칫 사회적 논란에 휘말릴 수 있는 상품을 떠들썩하게 홍보할 필요가 없었을 것이다.

유전자변형 생명체를 둘러싼 생물안전성 논란은 또 다른 바이오해커에 의해 가속화될 전망이다. 현재 덴마크 코펜하겐에 거점을 둔 해커공간 Labitat.dk에서 활동 중인 바이오해커 뤼디거 트로요크가 유전자변형 생명체 제작용 입자총을 새롭게 개발하고 있다.[75] 트로요크는 2012년 가을 한 지역의 의학박물관에서 자신의 시제품을 공개한 바 있다.

미국에 비해 유럽에서는 유전자변형 생명체의 개발에 반대하는 여론이 강하다. 다만 삽입하는 유전자를 삽입 대상과 같은 종으로부터 얻어 생명체를 만드는 동종유전자변형cis-genetic modification에 대해서는 다소 호의적인 분위기가 존재한다. 트로요크는 이 흐름에 맞춰 자신이 개발한 입자총으로 동종유전자변형을 실현하려고 한다.

트로요크와 그 지지자들은 2009년부터 해커 활동 공간의 하나인 핵테리아hackteria에서 비공식적으로 네트워크를 구성하며 활동해온 것으로 알려졌다. 이들은 유전자변형 농산물이 농민에게 많은 혜택을 줄 수 있음에도 불구하고 몬산토를 비롯한 다국적기업이 종자 개발에 대해 특허권을 행사함으로써 그 혜택이 개발 기업에만 주어진다는 점을 비판하고, 누구나 유전자변형 생명체를 제작할 수 있는 방법을 개발해 공개해야 한다고 주장했다. 하지만 입자총의 높은 가격이 큰 걸림돌이었다. 기업들에서 사용되는 입자총은 1만5000달러에 달하기 때문에 일반인의 접근이 불가능했다. 트로요크는 자신이 만들 입자총은 30달러면 충분하다고 주장했다. 그리고 자신의 프로젝트가 실현된다면 유럽은 물론 동남아시아의 저개발국 농민이 스스로 유전자변형 농산물을 개발할 수 있는 길이 열린다고 설명했다.

이제 마지막으로 생물안보 이슈를 살펴보자. 바이오해커 집단이 생물무기 용도의 유전자변형 미생물을 제작할 가능성에 대한 우려가 그 핵심이다. 이 같은 우려는 과거 합성생물학자들이 실험실에서 바이러스 유전체를 합성하기 시작했을 때부터 있어왔다.* 즉 인체에 치명적인 바이러스를 실험실에서 합성하는 기술이 언젠가는 바이오해커에게 전달될 것이라는 전망이었다.

최근 이 같은 우려를 다시 불러일으킨 사례를 살펴보자. 2011년 네덜란드 에라스무스 의료센터와 미국 메디슨위스콘신대학 연구자들이 각각 독립적으로 사람에게 감염될 수 있는 변종 H5N1 바이러스를 실험실에서 만드는 데 성공했다고 밝혔다. 실험 대상은 포유류의 일종인 흰족제비로, 독감에 대한 생체 반응이 사람의 경우와 유사한 동물이다. H5N1 바이러스는 고병원성 조류독감이라 불리며, 1997년 홍콩에서 처음 출몰해 닭과 오리 같은 가금류를 전염시켜 100퍼센트에 가까운 치사율을 나타냈다. 더욱 심각한 것은 인간에게도 전염돼 50퍼센트 이상의 사망률을 보였다는 점이다. 다만 이 바이러스는 호흡을 통해 사람 사이에 전염되지 않기 때문에 가금류나 야생 조류와 직접 접촉하거나 생고기를 만지는 사람들이 감염되었으며, 환자 수는 세계적으로 수백 명에 머물렀다. 그런데 두 연구진에 의해 사람도 공기를 통해 쉽게 감염될 수 있는 바이러스가 만들어진 것이다.

연구진은 바이러스 분야에서 최근 사용되고 있는 유전자변형 방법의 한 가지를 이용해 변종 바이러스를 제작했다.** 그러나 일각에서는 이번 연구를 참조해 합성생물학을 이용하면 좀더 쉽게 변종 바

* 예를 들어 1997년 미국 워싱턴 D. C.의 군사력병리학연구소 제프리 토벤버거는 1918년 사망자의 조직에서 스페인독감 바이러스의 RNA 염기서열을 복원했고, 2005년 이 바이러스를 부활시키는 데 성공했다고 밝혔다. 그 상세한 염기서열은 영국의 『네이처』 그리고 바이러스를 다시 살려내는 과정은 미국의 『사이언스』에 보고했다. 또한 2002년 미국 뉴욕주립대학의 에커드 위머는 소아마비 바이러스를 시험관에서 합성해 생쥐에 주입함으로써 합성된 소아마비 바이러스가 보통의 소아마비 바이러스와 거의 유사한 작용을 한다는 사실을 밝혀내 『사이언스』에 보고했다. 2003년에는 벤터가 대장균 등 특정 박테리아에 감염되는 박테리오파지 φX174를 합성했다고 학계에 보고했다. 합성생물학계의 전문가들은 2017년경 거의 모든 종류의 바이러스와 병원성 박테리아가 합성될 것이라고 예견한다.[76]

이러스를 제작할 수 있다는 주장이 제기되었다.[77] 그 제작 과정은 이렇다. 먼저 H5N1 유전체의 염기서열을 얻은 뒤 일부 돌연변이를 일으킨 염기서열을 이메일을 통해 DNA 합성회사에 신청한다. 회사는 이 바이러스 유전자의 조각들을 박테리아 DNA에 삽입해 전달해준다. 연구자들은 이 조각들을 박테리아에서 분리한 다음 다시 연결해 새로운 바이러스 유전자를 만들고 세포에 삽입한다. 만일 실험이 잘 진행된다면 세포는 새로운 바이러스 유전자, 즉 변종 H5N1을 만들기 시작할 것이다.***

합성생물학자들이 변종 돌연변이를 만들고 그 연구 결과를 논문으로 발표한다면 합성생물학의 지식과 기법을 활용하고 있는 바이오해커 집단에게 변종 바이러스 제작 매뉴얼이 노출될 길이 열린다. 물론 최근까지 바이오해커 집단 어디서도 바이러스를 제작하는 프로젝트가 진행되었다는 보고는 없다. 바이러스는 변종이든 아니든 그 자체가 위험한 존재이기 때문에 섣불리 연구를 수행할 만한 대상이 아니다.

바이오해커 집단에 대한 세간의 우려는 테러 목적으로 은밀하게 활동하는 소수의 범죄자에 맞춰져 있다.[78] 마치 IT 분야에서 불법적이고 부당한 활동을 벌이고 있는 크래커처럼 생명공학 분야에서도 DIY-악당malefactor으로 불릴 수 있는 바이오해커가 언제든 등장할 것이라는 지적이다. 그 출발점은 주요 유전정보를 온라인상에서 훔치는 일일 것이다. 이런 바이오해커가 노리는 표적은 1급 보안을 요하는 위험 생명체에 대한 정보처일 가능성이 크다. 마치 컴퓨터바이러스를 제작해 배

** 실험실에서 바이러스를 만드는 방법에는 여러 가지가 있다. 네덜란드 연구진의 경우 바이러스를 흰족제비의 기관지에 감염시키고 흰족제비가 병을 앓으면 그 바이러스를 다른 흰족제비에 다시 감염시키는 일을 여러 차례 시도했다. 그 결과 H5N1 바이러스의 유전자 두 개에서 다섯 개의 돌연변이를 일으킨 바이러스를 얻을 수 있었는데, 이것이 공기를 통해 전염될 수 있는 새로운 바이러스였다.[79]

*** WHO는 바이오테러의 위험을 의식해 2012년 2월 두 연구진이 당초 제출하려 했던 논문에 대해 게재 금지를 결정했다. 학계에서는 이 같은 조치가 연구의 자율성을 침해한다는 점에서 강력히 반발하고 나섰다. 결국 해당 연구자들은 연구의 일시 중단(모라토리엄)을 선언했지만 두 편의 논문은 방법론에 대한 일부 내용만 삭제된 채 학술지에 게재되었다.

포하는 경우처럼, 이 정보를 활용해 위험한 생명체의 제작 매뉴얼을 배포하거나 직접 테러를 감행하는 사례가 등장할 가능성이 있다.

심지어 개인맞춤형 생물무기personalized bioweapon가 발생할 가능성도 제시된 바 있다.[80] 최근 미국 정부가 세계 대통령들의 유전정보를 은밀히 수집하고 있다는 소식이 미국의 일부 언론매체에 소개된 바 있다. 이것이 사실이라면, 대통령의 유전정보를 알아낸 어떤 바이오해커가 다른 사람들에게는 해가 미치지 않지만 대통령의 유전자만을 표적으로 삼는 치명적 바이러스를 공기 중에 뿌림으로써 완전범죄를 도모할 수 있다는 시나리오가 현실화될 수 있을 것이다.

▲ 바이오해커 집단이 불법 약물을 대량으로 제조할 가능성은 3D 프린터 분야에서도 제시되고 있다. 조만간 사람들이 필요에 따라 가정에서 약품성 화학물질을 만들어낼 수 있는 이른바 DIY-의약품의 시대가 개막될 전망이기 때문이다.[82] 실제로 영국 글래스고대학 화학과 리 크로닌은 소비자들이 의약품을 가정에서 설계하고 제조할 수 있도록 하는 3D 프린터를 개발하고 있다. 자신에게 필요한 의약품의 설계도를 확보한 뒤 재료를 섞어 화학반응을 일으킴으로써 직접 의약품을 제조하는 방식이다.[83]

바이오해커 집단이 야기할 수 있는 생물안보 이슈의 대상은 병원성 미생물에 그치지 않는다. 마약 같은 불법 약물을 대량으로 생산할 가능성도 있다.[81] 예를 들어 자연산 마약류를 생산하는 식물의 유전자 회로를 실험실에서 합성하고, 이를 미생물에 삽입한다면 대량의 마약이 손쉽게 생산될 수 있을 것이다.▲

제3부 기술혁신을 둘러싼 논란과 쟁점

BIO HACKER

제4부

바이오해커,
어떻게 볼 것인가

09

바이오해커 집단의
기술혁신 전망과 과제

기술혁신의 방향

　지난 10여 년간 바이오해커 집단은 제각기 프로젝트를 진행하면서
기술혁신에 필요한 네 가지 요소, 즉 장비, 정보, 지적 능력, 자금 등
을 꾸준히 확보해왔으며, 이 추세는 점점 강화될 것으로 보인다. 바이
오해커 집단 내에서 저렴한 실험 장비는 지속적으로 개발되고 있고,
소프트웨어와 하드웨어 분야에서 새로운 오픈소스 제품이 속속 등장
하고 있다. 실험에 필요한 생체정보는 아이젬 대회와 DTC 유전자검
사 서비스 회사 등을 통해 점차 양적으로 늘어나고 있다. 또한 바이
오해커 프로젝트의 수가 계속 늘어나고 전문가들의 합류가 이어지면
서 크라우드 소싱을 통한 지적 능력이 강화되고 있다. 연구자금 문제
는 자체 회비로 충당하는 일 외에 크라우드 펀딩을 활용해 성공적으
로 해결하기 시작했다. 향후에는 하나의 프로젝트에서 이 네 가지 요
소가 결합된 사례가 등장할지도 모른다. 가령 아이젬 대회 출신의 연
구자들이 모여 GenSpace나 BioCurious의 실험실에서 활동하며 킥

스타터를 통해 자금을 모집하는 경우다.

제도권에서 지속적으로 도출되는 연구 성과는 특히 정보의 확보 측면에서 바이오해커 집단의 활동 역량을 가속화시킬 것으로 전망된다. 바이오해커 집단은 프로젝트를 진행하며 부딪히는 문제들을 해결하기 위해 항상 제도권의 최신 연구 성과에 관심을 기울이고 있다. 유전자 변형 생명체의 제조를 시도하는 데 큰 걸림돌인 부품의 표준화 문제에 대한 해결책은 합성생물학 전문가들이 적극적으로 모색하고 있다. 예를 들어 엔디는 캘리포니아주립대학 버클리캠퍼스의 애덤 아킨과 제이 키슬링 등 대표적 합성생물학자들과 함께 부품의 표준화 작업을 전문적으로 수행하려는 목적으로 2009년 12월 캘리포니아 주 에머리빌에 바이오팹BIOFAB, International Open Facility Advancing Biotechnology이라는 연구기관을 설립했다. 바이오팹은 미국과학재단으로부터 설립에 필요한 자금 1400만 달러를 지원받았으며, 30여 명의 전문가를 고용해 산업계에서 활용할 수 있는 표준화된 부품을 제작하는 일에 몰두하고 있다.[1] 바이오팹은 고객이 특정 기능을 수행하는 유전자 회로를 원할 경우 회로의 설계는 물론 실물까지 제공하고 있다.[2] 그리고 그 출발점으로 대장균과 효모의 부품 표준화를 실현시키는 일에 몰두하고 있다.* 바이오팹은 아이젬 대회의 성과물을 최대한 활용한다는 방침이다. 표준생물학부품목록에 등록된 새로운 부품을 활용해 이보다 상대적으로 기능이 뛰어나면서 단기간에 산업에 직접 활용될 수 있는 표준부품을 생산하려는 것이다.

자가 헬스케어 프로젝트를 추진하는 바이오해커들 역시 프로젝트에 필요한 기초 자료를

* 바이오팹 연구진은 첫 성과로 대장균의 유전자 활동을 정확히 조절하는 염기서열을 구축했다. 그동안 대장균에 특정 유전자를 삽입할 때 DNA 프로모터와 리보솜 결합부위의 염기서열이 제대로 작동하지 않는 경우가 많아 큰 문제였다. 엔디와 아킨은 이들 염기서열을 표준화시켜 유전자가 단백질을 발현시키는 비율을 93퍼센트까지 달성할 수 있도록 만들었으며, 그 내용을 2013년 3월 『네이처 방법론Nature Methods』에 두 편의 논문으로 보고하고 온라인(www.biofab.org/data)에 공개했다.

풍부하게 얻기 위해 제도권의 관련 연구 동향을 주시하고 있다. 이들은 제도권에서 확보되고 있는 인체 유전정보를 다섯 가지 범주로 파악하고 있다.[3] 첫째, 현재 활용되고 있는 유전체 정보다. 최근까지 가장 많이 축적된 유전정보는 개인별 SNP이지만, 점차 개인 전체의 염기서열은 물론 출생 이후 환경의 영향에 따른 유전자 활동의 변화를 다루는 후성유전학epigenetics 정보까지 상당한 양이 축적될 것이다. 둘째, RNA 전체 정보를 다루는 전사체transcriptome 분야다. 세포 안에서 실시간으로 어떤 DNA가 발현되고 있는지를 확인할 수 있는 정보를 제공한다. 셋째, 대사체metabolome 분야다. 세포 안에서 당이나 지방 등 대사 물질의 활동을 알려줌으로써 세포가 정상 기능을 발휘하는지 확인할 수 있는 정보를 제공한다. 넷째, 인체 내 미생물군집microbiome의 유전체 정보다.* 체내 미생물이 인간 질병의 진행과 약물 반응, 영양분 합성 등에 어떤 역할을 수행하는지를 알려준다. 다섯째, 개인별로 독성 물질 처리 능력이나 새로운 질병에 걸릴 위험도 등에 대한 유전정보다. 바이오해커들은 이들 다섯 가지 정보를 기존에 축적되어온 전통적인 건강정보, 즉 개인과 가족의 발병 및 처방 이력 정보와 결합함으로써 개인맞춤형 헬스케어를 스스로 실현해나간다는 장기적 목표를 세우고 있다.

자가 헬스케어 프로젝트는 인터넷을 비롯한 소셜네트워크서비스의 인프라를 구축하는 업계의 활동에 의해 더욱 추동력을 얻을 것으로 보인다. 최근 구글이나 페이스북 등은 인류 유전자의 빅데이터를 활용해 다양한 서비스를 제

* 미생물군집은 사람 몸에 공생하거나 기생하는 미생물 전체를 의미한다. 인체에는 세포의 10배에 달하는 100조 개체의 미생물이 살고 있다. 그래서 이들의 유전체를 인간의 '제2의 유전체'라 부르기도 한다. 과학자들은 개인별 건강 상태를 미생물군집의 유전체와 연관지어 탐구하고 있다. 비만, 여드름, 식도암 등 신체 질환뿐 아니라 우울증, 자폐증 등의 정신적 질환까지 그 적용 범위가 넓다. 2007년 미국 국립보건원NIH을 중심으로 인간 미생물군집 프로젝트Human Microbiome Project가 시작돼 2012년에 1단계가 종료되었다. 세계 80개 연구소가 미국인 242명을 대상으로 미생물을 분석한 결과를 2012년 6월 여러 학술지에 14개 논문으로 발표했다. 연구 결과에 따르면 인체에 도움을 주거나 건강을 해치는 등 영향을 주는 미생물은 1만 종 이상이고, 이들의 유전자가 800만 개에 이른다. 유전자의 수는 인간의 360배 수준이다.

공하는 비즈니스 모델을 적극 모색하고 있다.[4] 업계에서는, 등장과 동시에 경쟁상품을 몰아내고 시장을 완전히 재편할 정도로 인기가 있는 상품을 의미하는 킬러앱killer app의 차세대 주자가 유전자 가계도 genetic genealogy 분야가 될 것이라는 전망이 나오고 있다.

그렇다면 바이오해커 집단은 가까운 미래에 과학기술 분야와 사회에 얼마나 의미 있는 성과를 내놓을 수 있을까? 앞서 소개한 네 가지 프로젝트의 사례에 비춰볼 때 바이오해커 집단의 연구 성과는 제도권 과학기술계의 수준을 넘어서지는 못할 것이다. 아이젬 대회의 참가자들, 발광식물 프로젝트팀, 3D 바이오 프린터 프로젝트팀, 매콜리나 밸러처럼 자가 헬스케어를 추구하는 집단 모두 제도권 전문가들로부터 파생된 지식과 장비에 일차적으로 의존하고 있다. 아무리 새로운 지식을 도출하고 장비를 개발한다 해도 그 수준에는 한계가 있을 것이다.

하지만 바이오해커 집단이 기술혁신에서 갖는 의미는 높은 수준의 새로운 기술 개발 자체에 있지 않다. 일반적으로 해커들은 시민을 수동적 사용자에서 능동적 기여자로 또는 소비자에서 생산자로 전환시키는 역할을 수행해왔다.[5] 이들은 또한 전통적 과학기술의 정치나 제도의 한계 지점을 메꿔줄 대안을 끊임없이 제시하고 있다. 바이오해커 집단은 오픈소스 정신을 토대로 생명공학 분야를 일반인에게 광범위하게 노출시킴으로써 누구나 손쉽게 생명공학 사용자로 성장할 수 있는 사회적 분위기를 형성하고 있다. 이런 분위기가 지속된다면 머지않은 미래에 생명공학 분야와 사회에 큰 영향력을 발휘하는 성과물이 도출될 가능성이 있다.[6] 홈브루 컴퓨터클럽의 초창기 열정적 활동가들은 프로그래밍 정보를 공유하고 원시적인 키트 컴퓨터를 만들었을 뿐이었지만, 이후 그 활동을 토대로 컴퓨터 기술의 개발이 광범위하고 급속하게 진전된 상황에 비유할 수 있을 것이다.

사실 바이오해커 집단이 제도권 과학기술계에서 기술혁신이 이루어질 수 있는 토대를 부분적으로 제공하고 있다. 아이젬 대회에서 매년 대량으로 배출되는 부품, 장치, 시스템은 합성생물학 전문가들의 설계와 실물 제작이 시행착오를 줄이는 데 일정한 역할을 담당할 것이다. 자가 헬스케어 프로젝트를 통해 제공되는 생체 실험 결과는 신약 개발을 위한 임상시험 과정에서 유용한 참고자료가 될 수 있을 것이다. 지노메라의 사례처럼 연구 주제가 참가자들의 의지에 따라 결정되는 분위기가 확산된다면 기존 제도권에서 다루어지지 않던 분야의 기초 자료가 손쉽게 축적될 수 있다. 만일 자가 헬스케어 프로젝트 참여자들이 학습을 통해 어느 정도의 전문지식을 습득하고 견고하게 결집한다면, 이들에게 환자 또는 의료소비자의 입장에서 불합리해 보이는 기존 임상시험 과정이나 신약 개발의 연구 방향을 변화시킬 잠재력이 있다.*

한편 바이오해커 집단의 일부는 상업적 욕구를 충족시키기 위해 제도권에서는 관심을 갖지 않는 새로운 아이템을 발굴해 틈새시장을 지속적으로 공략해나갈 것으로 보인다. 빛나는 애기장대를 만들고 있는 발광식물 프로젝트나 빛나는 박테리아를 인쇄하는 바이오프린터 프로젝트가 향후 어떤 새로운 생명체를 개발의 대상으로 삼을지 누구도 예측하기 어렵다. 또한 이들 프로젝트의 성과물을 바탕

* 가령 미국에서 환자 대변인 집단이 의료계의 의사결정시스템에 참여한 사례들을 보면 바이오해커 집단의 향후 영향력을 예측할 수 있다. 대표적인 사례가 1987년 활동을 시작한 에이즈 환자의 대변인 집단이 스스로 학습을 통해 제도권 내에서 전문가 지위를 인정받은 일이다. 이 집단의 활동가들은 1992년 연방정부가 지원하는 모든 에이즈 임상연구를 감독하기 위해 NIH가 설립한 에이즈임상시험그룹AIDS Clinical Trials Group의 여러 위원회에서 정규위원으로 선정돼 연구 방향을 결정하고 연구방법론에 대해 토론하며 연구비를 할당하는 업무를 수행했다.[7] 활동가들은 신약의 임상시험에서 가짜 약을 제공받는 환자들에게 진짜 약을 제공받는 환자와 동등한 잠재적 이득을 제공해야 하고, 임상시험 참가자는 정상적인 면역 기능 아래에서는 발병하지 않다가 면역 기능이 떨어질 때 발병하는 기회감염에 대한 치료를 거부당해서는 안 되며, 해당 임상시험 외 다른 관리를 통해 상태가 호전될 수 있음을 알게 되면 애초의 임상시험 설계를 밀어붙여서는 안 된다는 등의 조항을 새롭게 주장했다. 이 활동의 영향으로 이후 유방암, 만성피로, 환경성 질환, 전립선암, 정신질환, 라임병, 루게릭병 등 다양한 증상으로 고통받던 환자들이 연구방식에 대한 발언권을 요구하기 시작했다.[8]

으로 후속 바이오해커들이 일반인의 열렬한 관심을 이끌어낼 수 있는 다양한 프로젝트에 얼마든지 착수할 가능성이 열려 있다.

저개발국의 경우 바이오해커 집단의 활동이 기술혁신에 미치는 영향력이 서구 사회보다 크게 작용할 것이다. 지금까지 소개한 프로젝트들은 주로 미국을 중심으로 한 서구 선진국에서 진행되고 있다. 선진국에서 개발된 바이오해커 집단의 '수준 낮은' 성과물은 저개발국의 과학기술계나 사회에서는 상대적으로 '수준 높은' 기술혁신 요소로 자리할 수 있다. 선진국의 바이오해커 집단은 오픈소스 정신을 바탕으로 저개발국에 자신의 성과물을 적극 보급하고 있고, 저개발국에서는 그 영향으로 자체적인 바이오해커 집단이 점차 형성되기 시작했다. 바이오해커가 사적인 이익 창출 외에도 지역 문제를 해결하는 일에 관여하는 흐름이 나타난 것이다.

예를 들어 BioCurious의 생체발광 프로젝트팀은 전 세계를 연결하는 고유의 풀뿌리 '과학 외교science diplomacy'를 펼치고 있다.[9] 팀 구성원들은 인도네시아, 네팔 등 저개발국에 저렴한 실험 프로토콜과 인프라를 제공하는 한편, 미국과 캐나다 등의 바이오해커가 이 과정에 참여하도록 촉구하고 있다. 궁극적인 목표는 저개발국에 독립적이고 자유로운 생물부품목록Bioparts Registry과 데이터베이스를 구축함으로써 합성생물학 연구를 활성화시키는 일이다. 이 같은 국제 네트워크는 기존의 해커 공간인 핵테리아에서도 몇 년 전부터 시도되고 있다. 2009년부터 인도네시아, 인도, 유럽의 바이오해커들이 모여 핵테리아-인도네시아 시민과학연구실HONGF 워크숍을 개최해 저개발국의 농업 발전을 목표로 다양한 프로젝트를 구상하고 있다.[**]

선진국과 저개발국 간 바이오해커의 연대는 지역의 정치적 이해관계와 무관하게 과학기술을 매개로 한 새로운 국제협력의 사례를 제시하고 있다. 이 연대는 과학기술이 사회에 어떤 역할을 해야 하는가에 대한 관심이 일치하기 때문에 가능한 일이다.[10] 가령 인도와 인도네시아 사회에서는 과학기술이 특정 지역의 구성원을 위해 실질적인 해결책을 제시해야 한다는 관념이 지배적이다. 이 관념은 과학기술의 시민참여를 중시하는 서구 바이오해커들의 생각과 잘 부합되고 있다.***

바이오해커 간 국제 연대의 실용적인 성과물은 의료 분야에서 가장 먼저 도출될 것으로 전망된다.[11] 바이오해커들은 저개발국에 필요한 의약품의 설계와 최적화 과정을 저렴하고 간단하게 재개발함으로써, 선진국에 대한 그동안의 의존에서 저개발국이 벗어나기를 희망한다. 의약품 생산에 필요한 연구 장비는 서구 바이오해커들이 개발해온 노하우를 최대한 활용해 확보함으로써, 선진국에서 비싼 가격으로 수입하지 않고 저개발국 바이오해커들이 직접 제작할 수 있도록 만든다. 이런 과정이 지속되면 저개발국 내에서 바이오해커 집단은 의료기술 혁신의 인큐베이터 역할을 수행할 수 있을 것이다.[12]

** 그동안 바이오해커 집단은 주로 서구 사회에서 형성되어왔지만, 최근에는 싱가포르와 인도네시아 등 아시아 지역에서도 모임이 시작되고 있다. 이 모임은 모두 바캠프BarCamp에서 출발했다. 바캠프는 2005년 이후 세계 각지에서 비정기적으로 개최되는 자유 토론회로, IT 분야의 소프트웨어와 하드웨어에 관심 있는 사람이면 누구나 참여해 자신의 연구 주제를 발표하는 행사다. 싱가포르의 바이오해커 모임은 2010년 7월 시작되었는데, 주요 관심 사안은 유전정보와 수비드sous vide 조리법의 결합이었다. 수비드 방법은 음식 재료를 진공포장한 뒤 낮은 온도로 장시간 요리함으로써 육류의 식감을 최상으로 유지해주는 기법이다. 싱가포르 바이오해커들은 비밀요리클럽Secret Cooks Club을 결성해, 2011년 4월 23앤미를 통해 얻은 개인 유전정보와 수비드 요리법을 접목시켜 개인별 맞춤형 건강 식단을 짜고 있다. 이들은 채소와 곡물을 많이 섭취하라는 정부의 일방적 음식문화 캠페인에 반발하면서 사냥과 채집으로 먹거리를 구하던 원시시대 인류와 비슷하게 음식을 섭취하면 자연히 살이 빠진다는 개념의 구석기 다이어트Paleo diet를 지지하고 있다. 한편 인도네시아의 바이오해커 활동은 2009년부터 대학 미생물실험실 연구자들을 중심으로 시작되었다. 이들은 박테리아와 효모를 활용한 발효기술을 이용해 누구나 집에서 술을 제조할 수 있도록 하는 양조 프로젝트를 진행 중이다. 정부가 주류에 비싼 세금을 적용한 것에 반발해 인도네시아산 과일을 이용한 술을 만들 수 있는 간단한 키트를 개발하고 있다. 이들은 또한 생명공학 특허에 대한 반발로, 일본에서 개발된 유전자변형 파란 장미를 직접 만들어 자연에서 재배하겠다는 계획도 세웠다.[13]

실제로 저개발국의 건강 문제를 해결하기 위해 착수된 프로젝트가 성공적으로 성과물을 도출하기도 했다. 2012년 바이오해커를 자칭하는 세 명의 네덜란드인이 추진한 앰플리노Amplino 프로젝트가 그 사

●●● 바이오해커의 경우는 아니지만, 선진국 해커 집단의 활동으로부터 영감을 얻어 자국 내에 스스로 해커 집단을 조직해 최초의 아프리카산 3D 프린터인 더블유 아파테 W. Afate를 개발한 흥미로운 사례가 있다. 더블유는 토고의 수도 로메에 위치한 아프리카 첫 팹랩인 WoeLab의 첫 글자이고, 아파테는 지리학자이면서 발명가인 개발자 이름(아파테 진코Afate Ginkou)에서 따왔다. 아파테는 2012년 프랑스에서 개최된 한 경진대회(ArchiCamp 2012)에 참여했을 때, 프랑스의 팹랩으로부터 들여온 렙랩의 한 모델(Prusa Mednel)을 새롭게 조립해 출품했다. 당시 그는 렙랩이 오픈소스이긴 하지만 유럽에서 아프리카로 재료를 운반해오기 어렵다는 점을 절감했다. 그래서 아프리카에서 직접 장비를 구해 3D 프린터를 개발하기로 결정했고, 프린터 재료를 아프리카에 있는 전자제품 폐기물에서 얻어 재활용했다. 가나의 수도 아카라의 교외와 토고에는 미국과 유럽에서 나온 전자제품 폐기물이 모여 매년 515톤이 적재되고 있었다. 아파테는 인류학자와 생태학자를 모아 폐기물 가운데 재활용할 만한 것을 찾아내 프린터 재료로 사용했다. 이들은 2013년 4월 20~21일 프랑스 파리에서 미 항공우주국NASA 주최로 개최된 '국제우주앱챌린지The International Space APPs Challenge'에 프랑스 팹랩팀과 공동으로 참가했다. 대회에 출품한 3D 프린터는 일부 렙랩 부품을 사용한 형태였다. 아파테팀은 여섯 개 수상 팀에 오르지는 못했지만 아프리카에서 첫 3D 프린터가 개발되고 있다는 사실은 대회에서 큰 화제를 낳았다. 대회 이후 아파테는 유럽인들의 기술펀딩 사이트(ulule.com)에서 4795달러를 목표로 펀드를 모금했는데, 2013년 6월 15일자로 112명으로부터 5913달러를 확보했다. 그는 9월 렙랩의 부품 없이 100퍼센트 재활용품을 이용한 프린터를 만들었다고 유튜브에 알렸다.[15]

례다. 이들은 저개발국에 만연한 말라리아를 손쉽게 측정할 수 있도록 유전자정량증폭 진단법quantitative PCR dignostics을 활용한 손가방만 한 진단 장치인 앰플리노를 개발했다. 이들에 따르면 기존 말라리아 진단 장치의 가격이 1만 달러 정도인데 반해 앰플리노는 200달러 수준이며, 혈액 한 방울로 40분 내에 누구나 간단하게 말라리아를 진단할 수 있다고 한다. 앰플리노가 선보이자 바이오해커 집단에서는 찬사가 쏟아졌다.[14] 개발자들은 일반인의 프로젝트 경진대회Vodafone Mobile for Good에 참가해 5만2000달러의 연구 착수금을 확보했으며, 2012년 아이젬 대회에 시제품을 출품해 참가자들로부터 큰 관심을 받았다. 같은 해 12월 앰플리노는 DIYbio의 유럽지부(DIYbio.eu)로부터 그해 발표된 세 가지 혁신의 하나로 선정되기도 했다.

그러나 바이오해커 집단이 기술혁신에 지속적인 영향력을 발휘하기 위해서는 오픈소스 정신 유지가 필수다. 아이젬 대회의 사례에서 보듯이 특허를 통한 독점적 지식재산권 확보의 길이 열려 있는 이상 향후 바이오해커 활동은 정체 상황을 맞을 수도 있다.

물론 특허 등록과 상업화 추구는 별개의 문제다. 바이오해커 집단 활동의 주요 추동력 가운데 하나는 벤처정신이다. 특허를 통한 독점 문제를 피하면서 상업화의 가능성을 최대한 보장하는 방법을 얼마나 발굴하느냐에 따라 향후 바이오해커 집단 활동의 지속 정도가 달라질 것이다.*

대안의 한 가지는 개발자가 특허권에 저촉되지 않는 부품만을 사용하는 것이다.[16] 이를 위해 특허가 등록되지 않았거나 기한이 만료된 부품을 가능한 한 많이 찾아내고 취합하는 일이 필요하다. 한편으로 일반 연구자들을 대상으로 자신이 소유한 부품 가운데 자신의 연구 활동에서 핵심을 차지하지 않는 부수적인 부품을 기부하도록 유도할 수 있다. 실제로 현재 미국의 일부 회사나 대학에서 자신의 현재 프로젝트나 비즈니스와 관련이 없는 부품을 공공기관에 기부하는 사례가 종종 있다. 이런 작업은 개별 연구자 스스로 수행하기에 쉽지 않으므로 연구기관이나 정부 차원에서 별도의 프로젝트나 캠페인 형태로 진행하는 것이 바람직하다.

두 번째 대안은 특허 등록 없이 개인의 이윤을 창출할 수 있는 비즈니스 모델을 추구하는 일이다. IT 분야의 오픈소스 소프트웨어에서는 이미 성공적인 사례가 많이 제시되고 있다. 한 예로 리눅스를 살펴보자.[17] 자신의 컴퓨터에서 리눅스 운영체제를 사용하려면 리눅스 커널과 함께 툴, 유틸리티, 애플리케이션 등 다양한 응용프로그램이 필요하다. 전문지식을 갖춘 사용자라면 모든 프로그램을 내려받아 자신의 목적에 맞게 시스템을 구성할 수 있을 것이다. 하지만 다수의 사용자에게 이런 작업은 어렵다. 그래서 리눅스 관련 업체들은 사용자의 목적에 맞게 이 응용프로그램들을 하나의 패키지로 묶어 배포판

* 합성생물학 분야에서 만들어진 유전자 변형 생명체에 대해서는 현실적으로 특허를 통한 이득을 얻기 어려울 것이라는 견해가 있다. 현재 표준생물학부품목록에는 상당히 많은 수의 부품에 특허가 걸려 있다. 만일 개발자가 하나의 미생물에 수많은 부품으로 구성된 회로를 만들어넣을 경우 이미 다수의 특허 소유자들이 존재할 뿐 아니라 특허의 권한이 종종 광범위하게 적용되어 있기 때문에 최종 산물에 대해 개발자가 자신만의 지식재산권이 무엇인지 파악하기가 곤란하다. 따라서 새로 개발한 유전자변형 생명체에 대해 특허를 등록하는 일 자체가 어려워진다. 이런 상황은 현재 생명공학은 물론 전자산업 분야에서 이미 벌어지고 있다.[18]

distribuion의 형태로 유료 판매함으로써 수익을 올린다.●● 오픈소스 하드웨어 분야의 경우 렙랩의 3D 프린터가 성공적 사례다. 렙랩은 부품의 설계도를 전부 공개할 뿐 아니라 프린터의 부품 자체를 스스로 만들어낼 수 있도록 제작했다. 기계가 스스로 자신을 복제하는 셈이다.[19] 렙랩은 특허를 등록하지 않은 채 제작키트와 재료를 판매함으로써 안정된 수익을 올려 성공적인 비즈니스 모델을 창출했다는 평가를 받고 있다. 바이오해커 집단에서 큰 주목을 받았던 앰플리노 개발자들은 최근 스타트업 회사를 설립해 앰플리노를 250달러에 판매하기 시작했는데, 이들 역시 앰플리노에 대해 특허를 등록하지 않았다.

이처럼 저작권이나 특허를 통한 독점적 지식재산권을 추구하지 않으면서 상업적 목표를 추구하는 사례들은 바이오해커 집단의 활동에도 적용될 수 있을 것이다. 예를 들어 발광식물 프로젝트팀은 빛나는 애기장대 종자의 제조 방법에 대해 특허를 취득하지 않은 채 향후 제작에 연관된 다양한 서비스를 유료로 제공할 수 있다. 일반인을 대상으로 빛나는 애기장대를 제작하는 방법에 대한 교육 및 훈련, 관련 업계 등을 대상으로 전문적인 제작키트와 재료 제공 등도 가능하다. 물론 이를 강제할 수 있는 현실적인 방법은 없다. 하지만 이 같은 시도들이 거듭 성공에 이를수록 바이오해커 집단에서 특허 취득 없는 상업화의 가능성이 널리 공유될 수 있을 것이다.

세 번째 대안은 바이오해커 집단 내에서 향후 성과물에 대해 특허를 등록하지 않겠다는 내용의 자체 라이선스를 체결하는 것이다. 예를 들어 BioCurious에서 현재 진행 중인 바이오 프린터 프로젝트의 참여자들에게서 장차 새로운 프린터를 개발할 경우 프린터 제작과 관련된 소프트웨어와 하드웨어에 대해 특허를 취득하지 않겠다는 서약을 받는다. 매콜리처럼 자신의 신체 실험결과를 공개할 경우에도 향후 이 결과를 활용해 누군가 특허를 등록하지 못하도록 라이선스를 선언할 수 있다. DTC 유전자검사 서비스 회사에 대해서는 참여자들이 자신의 유전정보를 활용해 특허를 취득해서는 안 된다는 라이선스를 요구할 수 있다. 물론 이러한 라이선스가 현실적으로 얼마나 효력을 발휘할 수 있는지는 불확실하다. 이런 계약이 법적으로 유효하도록 새로운 유형의 라이선스를 개발하는 일이 과제로 남아 있다.

위험에 대한 자율적 통제와 과제

바이오해커 집단의 활동이 개인적으로나 사회적으로 위협을 줄 수 있는 요소를 내포하고 있다고 해서 그 활동 자체를 일괄적으로 저지할 방법은 현실적으로 없다. 더욱이 정부가 활동에 대한 규제를 가한다면 바이오해커 집단은 현재와 달리 음성적인 형태의 활동을 도모할 것이다. 사회적 위험 요소를 최소화하기 위해서는 사회와 바이오해커 집단의 소통 구조를 마련해 사례별 위험성을 상호 검토하는 작업이 필요하다. 미국에서는 지난 몇 년 사이 정부와 인문사회학계 전문가들이 바이오해커 집단과의 소통을 시도해왔다. 또한 바이오해커 집단은 자신들에 대한 사회적 우려를 인식해 자체적인 통제안을 지속적으로 마련해오고 있다.

미국 정부가 바이오해커 집단을 본격적으로 주목하게 된 계기는 2010년 벤터가 미생물 유전체를 합성한 결과를 『사이언스』에 보고한 일이었다. 당시 오바마 대통령은 생명윤리위원회에 합성생물학의 이익과 위험에 대한 종합적 보고서를 제출하라고 요구했다. 그 결과물

• 생명윤리위원회 위원장인 에이미 거트먼은 보고서 발간 당시 펜실베이니아대학 총장이었다. 그는 바이오해커에 대한 생명윤리위원회의 견해를 2010년 11월 19일 미국 과학잡지 『더 사이언티스트The Scientist』에 미리 밝혔으며, 그 내용은 보고서에 동일하게 포함되었다. 거트먼은 과학기술정책국Office of Science and Technology Policy을 통해, 제도권과 비제도권(DIY-Bio 그룹) 모두에서 합성생물학의 활동과 관련한 안전성과 안보 위험을 주기적으로 평가할 수 있어야 한다고 권고할 것이며, 현재 시점에서 우려할 만한 안전성과 안보 문제가 있다는 말은 누구한테도 들은 바가 없다고 밝혔다. 또한 비제도권 그룹이 이 문제에 관해 협력하는 데 적극적일 것이라는 기대감도 보였다.[23]

•• 보브는 2009년 전 세계 병원성 미생물의 유전정보를 취합하려는 목적으로 바이오웨더맵bioweathermap 프로젝트를 주도하기도 했다. 프로젝트의 목표는 세계 지역별로 병균이 얼마나 다양하게 분포하는지를 확인하는 일이었으며, 이를 위해 연구자들은 저렴한 분석 장비를 동원해 병균의 유전정보를 신속하게 파악하는 방법을 개발했다. 2003년 799여 명의 사상자를 낸 중증급성호흡기증후군SARS을 비롯해 콜레라, 슈퍼결핵Multi-Drug-Resistance Tuberculosis, 에이즈, 장티푸스, 황열, 독감, 탄저병 등을 분석 대상으로 삼았다. 참여자들은 프로젝트팀으로부터 제공된 실험키트에 들어 있는 면봉으로 자신이 살고 있는 지역에서 샘플을 채취하고, 프로젝트팀은 이 면봉들을 취합해 병균의 염기서열을 분석한다. 최근까지 진행된 세계 지역별 병균의 분포도는 홈페이지에 공개되어 있다. 프로젝트팀에는 하버드대학의 처치, 콜로라도대학 생화학 교수 롭 나이트 등 다수 전문가가 포함되어 있다.[24] DIYbio의 한 활동가는 자신이 2008년 뉴욕을 방문했을 때 살모넬라균에 의한 식중독으로 3일간 앓았던 경험이 프로젝트에 참여하게 된 계기라고 밝혔다.[25]

이 같은 해 12월 「새로운 방향: 합성생물학과 신생 기술의 윤리」라는 제목으로 발간된 보고서였다.[21] 보고서의 핵심 결론은 합성생물학에 대해 '연구는 계속 지원하되 잠재적 위험에 대해서는 지속적 감독 체계를 갖추는' 식의 절충적 내용이었는데, 그 감독의 대상으로 대학과 연구기관은 물론 바이오해커 그룹이 적시되었다. 하지만 보고서는 바이오해커 그룹에 대해 심각한 우려를 표명하지 않았다. 최근까지의 활동을 검토한 결과 별다른 위험성이 발견되지 않았으며, 향후 정부는 바이오해커 집단과의 협력 속에서 위험에 대한 확인 작업을 지속적으로 수행하겠다는 견해를 보였다.•

생명윤리위원회가 바이오해커 집단 활동에 대해 별다른 우려를 표명하지 않고 그 활동의 자유를 존중하는 방향으로 결론을 내린 데에는 바이오해커 집단의 활동가와 관련 전문가들의 영향이 작용한 듯하다.[22] 생명윤리위원회는 DIYbio의 설립자 보브, 대표적인 바이오해커인 카슨, 아이젬 대회를 이끄는 엔디와 레트버그 등을 연사로 초빙해 의견을 들었다.•• 이들은 바이오해커 집단의 활동을 주도적으로 추동해온 인물들로, 공통적으로 바이오해커의 위험이 과대평가되었다고 줄곧 주장해왔다. 예를 들어 보브는 언론매체와의 인터뷰에서 "사

제4부 바이오해커, 어떻게 볼 것인가

람들은 우리의 기술적 능력을 과대평가하고 있고, 우리의 윤리성을 과소평가하고 있다"고 종종 밝혔다.[26] 바이오해커는 대부분 아마추어 수준이기 때문에 훈련된 바이러스 학자와는 전혀 다르다는 주장이었다. 자신들은 이제 7학년이나 8학년 수준에서 겨우 10달러짜리 현미경을 만들고 있는데, 주위에서는 탄저병 무기를 제조하는 수준에서 바라본다고 언급하기도 했다.[27] 또한 바이오해커 집단이 아마추어 수준에서 개인적으로 섣부른 실험을 진행하다가 잘못하면 정부로부터 심각한 규제를 받을 수 있다는 사실을 잘 인식하고 있다는 점도 강조했다.*

바이오해커 집단은 사회적 우려를 불식시키기 위한 노력의 일환으로 정부 및 제도권 전문가와의 협력 관계를 적극 도모하고 있다. 예를 들어 DIYbio는 미국 안보와 외교 분야의 전문가로 구성된 연구소인 우드로윌슨센터 Woodrow Wilson International Center for Scholars 와 공동으로 바이오해커 활동 참여자들의 안전성 확보를 위해 홈페이지에 '전문가에게 물어보세요Ask a Biosafety Expert' 코너를 마련했다. 이 코너에는 2013년 1월부터 한 달에 한두 개꼴로 질문과 답변이 공개되어 있으며, 세 명의 전문가가 실명으로 참여하고 있다.** 한편 미국 연방수사국FBI은

* 바이오해커 집단 내에서는 2004년 예술사학자 스티브 커츠가 휘말린 소송 사건이 잘 알려져 있다. 커츠는 1987년 창립된 비판적 아트 앙상블Critical Art Ensemble 의 초창기 회원으로, 미국에서 생화학 무기가 공포정치를 위해 활용되고 있다고 자주 언급해 FBI가 주목해온 인물이다. 위키피디아에 소개된 사건의 개요를 살펴보자. 2004년 5월 커츠 부인이 지병인 심장병으로 사망하자 커츠는 911에 신고했다. 당시 이들 부부는 전시회 출품을 위해 유전자변형 박테리아를 집안에서 기르는 중이었다. 신고를 받고 달려온 경찰은 집안 실험 도구를 수상하게 여기고 FBI에 이 사실을 알렸다. FBI는 바이오테러를 의심해 커츠를 22시간 동안 구금하고 부인 시신을 별도로 검사했다. 그 결과 바이오테러 위험 물질을 발견하지 못했고, 부인도 자연적으로 사망했음이 밝혀져 커츠는 무혐의로 풀려났다. 그러나 법원은 그해 7월 무해한 박테리아도 주문하고 우편으로 받는 방식이 위험하다는 이유로 동료 로버트 페럴 피츠버그대학 유전학 교수와 커츠를 함께 기소했다.

** 몇몇 질문과 대답을 살펴보자. 집에서 사용해도 안전한 미생물의 종류와 실험 이후 이들을 없애는 방법은 무엇인지에 대한 질문이 있었다. 이에 대해 건강한 성인에게 해를 끼치지 않고, 많은 학교에서 사용하고 있는 1단계 생물안전성 수준BSL의 미생물을 사용하면 되며, 그 종류는 미국 NIH 등 해당 사이트에서 참조하라는 답변이 주어졌다. 여기에 아이나 노인, 면역력이 약한 사람들에게 해를 끼칠 수 있으며, 작업 공간이 음식이나 거실과 떨어진 무균 상태의 공간이어야 한다는 점이 추가적으로 강조되었다. 2단계 생물안전성 수준에 해당하는 미생물로 실험해도 되냐는 질문에 대해서는, 보통의 성인에게 감염될 위험이 있으므로 집에서 실험하지 말라고 권고하는 답변이 제시되었다.

●●● GenSpace는 설립 전 2년간 1단계 생물안전성 수준의 실험실을 만들기 위해 다양한 조언그룹과 협력해왔다. FBI를 비롯해 대학 연구실, 질병통제센터CDC 등과 협력해 생물안전성위원회를 운영하고, 개인 및 소규모 실험 공간을 위한 생물안전성 교육 과정을 마련했다. 현재 GenSpace의 모든 회원은 안전성 표준 교육 과정을 거친 이후 실험을 시작할 수 있다. 실험 주제에 대한 검토는 생물안전성위원회와 공동으로 이뤄지고 있다.[29]

▲ 과학기술학계에서는 신생 과학기술 분야를 연구할 때 설계 단계에서부터 연구로 인한 사회적 문제를 고려하면서 전체 연구 방향을 결정해나가려는 시도를 가리켜 포스트-ELSI 연구라고 부른다. 최근 나노기술 분야에서 등장하는 구성적 기술영향평가, 실시간 기술 평가real-time technology assessment, 업스트림 참여upstream engagement, 예측적 거버넌스anticipatory governance 등이 대표 사례다. 아이젬 대회에서 사용된 휴먼프랙티스라는 용어는 캘리포니아주립대학 버클리캠퍼스와 로런스버클리 국립연구소가 설립한 합성생물학연구센터SynBERC, Synthetic Biology Engineering Research Center의 한 연구그룹에서 처음 만들어졌다.[30]

생물안전성과 생물안보 전반에 관해 자문하기 위해 DIYbio, 아이젬 대회, GenSpace 등에서 공식 활동을 벌이고 있다.●●●

또한 바이오해커 집단은 자신들의 연구에 대한 사회적 위험을 스스로 줄이기 위해 다양한 대안을 강구해왔다. 예를 들어 DIYbio는 2011년 5월과 6월, 유럽과 미국 지부에서 비슷한 내용의 행동강령codes of conduct을 마련해 홈페이지에 공표했다([표 6] 참조).

아이젬 대회는 위험에 대한 자체적인 통제를 위해 2008년부터 참가팀에게 연구의 '윤리적, 법적, 사회적 함의ELSI, Ethical, Legal, Social Implications'가 무엇인지를 정리한 휴먼프랙티스Human Practices 보고서의 작성을 요구했다. ELSI 연구는 1990년대 인간게놈프로젝트가 시작될 때 인문사회학계의 참여로 처음 이루어졌다. 하지만 당시 ELSI 연구는 이미 전체 연구의 방향이 이공계 연구자들에 의해 정해진 상황에서 연구로 인한 사회적 문제를 다루는 방식으로 진행되었다. 이에 비해 아이젬 대회의 주최 측은 참가자 스스로 설계 단계부터 ELSI와 관련된 연구를 수행하는 모델을 적용했다. 이런 점에서 휴먼프랙티스 보고서 작성은 포스트post-ELSI 연구 유형의 한 가지 사례라고 볼 수 있다.▲[28]

휴먼프랙티스는 그동안 대학에서 생물학 전공자를 대상으로 공식 수행되지 않던 ELSI 관련 학습을 처음 시도했다는 점에서도 의미가 있다. 2000년대에 들어서면서 미국의 공학도들은 대학에서 공학윤리

[표 6] 미국과 유럽 지부에 공표된 DIYbio의 행동강령

미국	유럽
• 공개 접근(생명공학에 대한 시민 과학과 분산된 접근 촉진) • 투명성(아이디어, 지식, 데이터, 결과의 공유와 투명성 강조) • 교육(생물학, 생명공학, 그 가능성 등에 대한 대중 교육에 참여) • 안전성(안전한 실험 채택) • 환경(환경을 존중) • 평화적 목적(생명공학은 오로지 평화적 목적으로만 사용해야 함) • 땜질tinkering(생물학의 서툰 땜질은 통찰력으로 이어지고, 통찰력은 혁신으로 이어짐)	• 투명성(아이디어, 지식, 데이터, 결과의 공유와 투명성 강조) • 안전성(안전한 실험 채택) • 공개 접근(생명공학에 대한 시민 과학과 분산된 접근 촉진) • 교육(생명공학의 이익과 의미에 대한 대중 교육 지원) • 겸손(우리가 모든 것을 알지 못한다는 점을 알아야 함) • 공동체 의식(타인의 우려와 질문을 주의 깊게 경청하고 정직하게 답변) • 평화적 목적(생명공학은 오로지 평화적 목적으로만 사용해야 함) • 존경(인류와 모든 생명 시스템에 대한 존경) • 책임감(생물계의 복잡성과 역동성을 인식하고 책임지는 자세) • 의무(자신의 행동에 대해 책임지면서 이 강령을 준수할 의무)

행동강령은 핵심 용어에 대한 간단한 설명으로 이루어져 있다. 미국과 유럽의 내용이 거의 유사하다.

(출처: DIYbio.org)

교과목을 이수하며 전문가의 윤리적 책임에 대한 교육을 받기 시작했다. 그러나 생물학 분야에는 이 같이 정규화된 교과목이 없다. 아이젬 대회에 참여하는 대다수 학생의 전공이 생물학이기 때문에 주최 측이 참가팀에게 휴먼프랙티스 보고서 작성을 요구하기로 결정한 것이다.[31]

　보고서 작성은 전반적으로 생물안전성에 대한 참가자들의 의식 수준을 고양하고 있는 것으로 평가된다.[32] 2008년부터 2011년까지 참가팀에 주어진 안전성 관련 질문은 [표 7]과 같다. 2008~2009년의 질문은 비교적 간단했다. 프로젝트가 안전성 이슈를 제기하는지 여부,

주제 영역	주요 질문	2008	2009	2010	2011
제기되는 이슈	당신의 프로젝트 아이디어는 연구자 안전성에 관한 문제를 제기하는가	+	+	+	+
	당신의 프로젝트 아이디어는 공공의 안전성에 관한 문제를 제기하는가	+	+	+	+
	당신의 프로젝트 아이디어는 환경의 안전성에 관한 문제를 제기하는가	+	+	+	+
지역의 생물안전성 규제	당신의 연구소에 생물안전성 집단, 위원회 또는 검토 기관이 있는가	+	+	+	+
	있다면, 그 집단은 당신의 프로젝트에 대해 어떻게 생각하는가	−	−	+	+
	없다면, 당신 국가에서 고려해야 하는 특별한 규율이나 가이드라인이 있는가	−	−	+	+
	당신 지역의 생물안전성 집단은 당신의 프로젝트에 대해 어떻게 생각하는가	+	+	−	−
바이오브릭 부품	올해 당신이 만든 새로운 부품이 안전성 이슈를 제기하는가	+	+	−	−
	있다면, 그 이슈를 부품목록에 기록했는가	+	+	−	−
	올해 당신이 만든 새로운 부품(또는 장치)이 안전성 이슈를 제기하는가	−	−	+	+
	있다면, 그 이슈를 부품목록에 기록했는가	−	−	+	+
	있다면, 그 이슈를 어떻게 처리했는가	−	−	+	+
	있다면, 다른 팀들이 당신의 경험에서 무엇을 배울 수 있겠는가	−	−	+	+
제안	향후 아이젬 대회에 유용한 안전성 이슈 대처 방법에 대한 아이디어가 있는가. 부품, 장치, 시스템이 더욱 안전하게 만들어질 수 있는 방법이 무엇인가	−	−	+	+

질문의 내용은 시간이 경과함에 따라 전반적으로 세분화되고 있다. 2010년부터는 참가자들이 주최 측에 제안하는 항목이 추가되었다.

(출처: Guan, Z. & M. Schmidt, 2013: 28)

안전성 규제의 존재 여부, 지역 생물안전성 집단의 검토 내용, 제출된 바이오브릭 부품에 대한 안전성 평가 등이 그것이다. 하지만 2010년부터 질문이 좀더 구체화되었다. 가령 지역의 생물안전성 집단의 훈련을 받았는지, 개발한 부품의 안전성 이슈를 부품목록에 기록했는지 등의 질문이 주어졌다. 또한 향후 아이젬 대회에서 다루어야 할 안전성 이슈에 대한 제안이 추가되었다. 전체적으로 아이젬 대회 주최 측은 안전성 감독을 일반화하고 표준화시킬 필요성을 느끼고 나름대로의 감독 방안을 꾸준히 개선해나가고 있다.

안전성 보고서를 제출하는 팀의 수는 점차 확대되었다. 2008년에는 16퍼센트에 불과했지만, 2009년 74퍼센트, 2010년 82퍼센트로 늘었다가 2011년에는 100퍼센트 제출했다.[33] 보고서의 질은 해가 갈수록 높아졌다. 보고서 내용은 다섯 가지 범주로 나눌 수 있다. 생물안전성의 우려를 해소할 수 있도록 시약이나 장비를 사용하는 방법을 서술한 상세한 분석, 자신의 프로젝트에 초점을 맞추지 않고 일반적 안전성 이슈를 서술한 일반적 답변, 예/아니오 답변, 질문 몇 개에 대해서만 수행한 부분적 답변, 질문에 대한 답변 없이 안전성 이슈에 대한 일반적 내용을 서술한 답변 등이다. 2011년 상세한 분석이 차지하는 비율은 48퍼센트였으며, 전반적으로 일반적 답변과 상세한 분석이 증가하는 추세다. 이는 대회 참가팀들이 생물안전성 이슈를 인식하는 비율이 점차 증가하고 있음을 의미한다.

대회를 준비하는 과정에서 현실적으로 안전성 문제를 실감한 팀도 많았다.[34] 가령 일반적 답변을 한 팀 가운데 안전성 문제와 (해결 가능성과 무관하게) 부딪힌 비율은 2008년 25퍼센트, 2009년 28퍼센트, 2010년 41퍼센트, 2011년 54퍼센트로 계속 증가했다. 공통적으로 제기된 문제로는, 알려진 독성 화학시약의 사용, 생물학적 폐기물 처리, 환경오염 등이었다. 대처할 수 없는 문제로는, 생물 간 수평적 유전자 이동vertical gene transfer, 생명체의 돌연변이, 박테리아 변형의 결과,

생산물의 오용, 항생제 저항성 등이 지적되었다.

대부분의 참가팀은 자신들과 아이젬 주최 측이 표준생물학부품목록에 등재된 부품과 시스템의 위해성 평가를 주의 깊게 수행해야 한다고 제안했다. 또한 모든 프로젝트별로 생물안전성 측면에서의 특성에 대한 질문에 충분한 답변이 이루어져야 한다고 주장했다. 아예 생물안전성 문제를 프로젝트 주제로 삼은 팀들도 증가하는 추세다([표 8] 참조).

[표 8] 아이젬 대회에 제출된 생물안전성 관련 프로젝트 사례(2010~2011년)

주제	팀	프로젝트 목표
생물안전성 소프트웨어	HKU-Hong_Kong_2010	생물안전성 네트워크
방지 전략	Harvard_2010	'유전장벽'을 포함한 식물공학 오픈소스
방지 전략	BCCS-Bristol_2010	토양비옥도 측정 박테리아센서 통한 농업
안전성 장치	Chiba_2010	유전자 더블클릭 시스템 구축
환경 안전성 탐지기	Gaston_Day_School_2010	중등학교 내 생물학적 철 탐지기 구축
박테리아 안전성 탐지기	IvyTech-South_Bend_2010	바이오센서를 사용한 소형 측정기 개발
생물적 환경 정화	Lethbridge_2010	합성생물학 기반 광물 저수지의 복원
생물적 환경 정화	Michigan_2010	오일샌드 오염수의 생물적 복원
생물적 환경 정화	Tokyo-NoKoGen_2010	표적 화합물의 표집 및 운반 탱크 개발
환경 생물센서	UTDallas_2010	오염 물질 감지하는 세포성 바이오센서
생물안보 소프트웨어	VT-ENSIMAG_Biosecurity_2010	위험 유전자 탐색 소프트웨어
생물적 환경 정화	Caltech_2011	내분비교란물질의 생물적 복원
생물적 환경 정화	NYC_Wetware_2011	방사성물질 저항 생명체의 제조
환경 안전성	Penn_State_2011	위험 방사선 측정하는 박테리아 개발
생물적 환경 정화	Queens_Canada_2011	토양 복원 위한 예쁜꼬마선충 툴킷 개발
생물적 환경 정화	SYSU-China_2011	핵물질 유출 방지 방법
생물적 환경 정화	UT-Tokyo_2011	아스파르트산 반응 자가군집 대장균
인간 건강 안전성	VIT_Vellore_2011	생체 내 약물 공장
인간 건강 안전성	UNIST_Korea_2011	대장균 자살 시스템 합성
생물적 환경 정화	Lyon-INSA-ENS_2011	오염물 제거용 미생물

생물안전성 툴	St_Andrews_2011	대장균 내 자살 스위치 개발
인간 건강 안전성	Fatih_Turkey_2011	그람음성박테리아 성장과 감염 저지 모델
환경 안전성	Imperial_College_London_2011	새로운 방지 스위치

아이젬 대회 참가팀들은 생물안전성에 대한 휴먼프랙티스 보고서를 작성하는 한편, 아예 관련 이슈를 연구 주제로 삼으면서 다양한 생물안전성 문제를 직접 해결하려는 시도를 보이고 있다.

(출처: Guan, Z. & M. Schmidt, 2013: 32)

우드로윌슨센터는 바이오해커 집단에 대한 사회적 우려가 얼마나 현실적인 문제인지를 검토하기 위해 처음으로 바이오해커를 대상으로 설문조사를 실시했다.[35] 결론은 세간에서 우려하는 것처럼 그다지 위험하지 않다는 것이었다. 우드로윌슨센터는 2013년 1~3월 온라인 설문조사를 실시해 359명의 답변을 받았다.* 먼저 이들의 대부분은 본명을 숨긴 채 홀로 활동하지 않았다. 응답자의 92퍼센트 정도가 집단으로 활동한다고 답한 것이다. 활동 공간은 대체로 복합적이었는데, 305명의 응답 가운데 집에서만 활동하는 비율은 8퍼센트였고 나머지는 GenSpace 같은 공개 실험실이나 대학, 회사, 정부연구소 등에서 동시에 활동했다. 또한 대부분 위험한 병원체를 다루지 않았다. 응답자의 13퍼센트만이 지난 2년간 유전자 합성을 시도했는데, 이는 일반적인 생명공학 실험의 첫 단계에 불과한 수준이었다. 45퍼센트는 하나의 유전자를 박테리아에 삽입하는 것을 시도했다. 하지만 이는 컴퓨터에 비유하자면 프로그램을 작성해본 사람이 거의 없고, 이미 만들어진 프로그램을 설치해본 사람이 절반도 안 되는 수준임을 의미했다. 실제로 지난 2년간 2단계 생물안전성 수준의 미생물을 다룬 사람

* 응답자는 주로 북미 지역 거주자(미국 82퍼센트, 캐나다 4퍼센트)였고, 유럽 10퍼센트, 기타 4퍼센트였다. 학력은 다소 높은 편이었다. 박사학위(MD, PhD, JD) 19퍼센트, 석사학위 27퍼센트, 칼리지 졸업 학사 37퍼센트였다. 연령은 젊은 편이다. 25세 이하가 15퍼센트, 25~35세가 21퍼센트, 35~45세가 42퍼센트, 나머지는 45세 이상이었다.

자신의 실험 과정을 투명하게 공개하는 경향도 강했다. 1에서 5까지 범위의 척도로 투명성을 질문한 결과 73퍼센트가 4와 5에 표시했으며, 6퍼센트만이 1에 표시했다.••

물론 이상과 같은 자체적 노력과 설문조사 결과만으로 사회에서 바이오해커 집단에 대한 우려를 충분히 불식시킬 수는 없다. 가령 행동강령은 아무런 강제성을 갖지 않으며, 휴먼 프랙티스 보고서는 아직 대회에 인문사회학계 전공자들의 참여가 별로 없기 때문에 형식적으로 작성될 여지가 있다. 또한 설문조사에서 익명으로 활동한다는 소수의 응답자가 실제 우려의 대상일 수 있다. 그럼에도 바이오해커 집단에서 스스로 생물안전성과 생물안보 이슈를 인식하는 비율이 늘고 있는 것은 사실이며, 이렇게 이들이 사회와 열린 소통을 시도하는 자세가 중요하다고 생각한다. 제3부 제8장에서 소개한 다양한 위험 가능성의 사례는 우리 사회가 바이오해커 집단과 함께 풀어나가야 할 과제로 남아 있다.•••

•• 정부 감독에 대해서는 바이오해커 사이에 크게 의견이 갈라지는 듯하다. 정부의 감독이 필요한지에 대해 응답자의 75퍼센트가 새로운 규제가 있어서는 안 된다는 입장이었다. 하지만 미래의 규제에 대한 질문에는 그 비율이 57퍼센트로 줄어들었다. 규제가 필요하다는 43퍼센트는 세 범주로 구분되었다. 첫째, 바이오해커 역시 제도권 실험실과 동일하게 취급받아야 한다. 둘째, 생명체와 장비가 개인보다 우선적으로 규제되어야 한다. 셋째, 규제는 기술의 발전 수준에 맞춰 이루어져야 한다.36

••• 미국 법조계에서 바이오테러를 노리는 집단의 위험성을 견제하기 위한 일부 대안이 제시되기도 했다. 한 예로, 미국 특허청은 바이오해커들이 위험한 유전물질을 특허로 등록하는 것을 감시할 필요가 있다. 1951년 제정된 발명비밀법Invention Secrecy Act으로 인해 안보에 위협이 될 만한 신규 발명품이 감시되어왔는데, 이 법률의 기능을 좀더 강화하자는 것이다. 정부가 바이오해커들의 신체적 정신적 사회적 신상 조사를 통해 위험을 일으킬 소지가 있는지 여부를 확인하고 감독하는 시스템을 도입하자는 의견도 있다. 일명 개인 신뢰도 프로그램Personal Reliability Program으로, 미국의 일부 국립연구소는 생명공학 연구자를 대상으로 이미 이 프로그램을 시행 중이다. 바이오해커 공간을 정부에 등록하게 함으로써 양성화하자는 제안도 있다.37

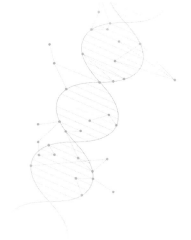

10

한국 사회와
바이오해커

한국에서는 최근까지 공개적으로 활동하는 바이오해커 집단이 거의 발견되지 않았다. 몇몇 대학의 합성생물학 전공 교수들이 자발적으로 학생들을 모집해 아이젬 대회에 참여하거나,● 서구 바이오해커 프로젝트에서 한국인으로 추측되는 활동가의 흔적이 일부 발견되는 정도다.●●

한국에는 서구 사회와는 달리 바이오해커 활동이 활발하게 진행될 수 있는 문화적 분위기가 형성되어 있지 않은 것 같다. 먼저 한국의 시민사회는 과학기술의 민주주의적 '사용'보다는 과학기술 정책 결정 과정에 대한 민주주의적 '참여'에 주로 관심을 기울여왔다. 예를 들어 1998년 '유전자조작식품에 관한 합의회의'를 시작으로 2008년까지 '생명복제기술 합의회의'(1999), '대전과학상점'(2003), '전력정책의 미래에 관한 합의회의'(2004), '기후변화대응기술 기술영향평가사업'(2006),

● 2009년 고려대(지도교수 최인걸)와 충북대(지도교수 김영창)가 처음 아이젬 대회에 참여했으며, 2010년에는 카이스트(지도교수 김선창), 2011년에는 울산과학기술대학(지도교수 이성국)이 대회에 합류했다. 고려대 최인걸 교수는 2012년과 2013년 청심국제중고등학교 학생들을 이끌고 고등학생 부문에 참여하기도 했다.

●● 예를 들어 전 세계 병원성 미생물 분포를 확인하는 바이오웨더맵 프로젝트의 결과 자료를 보면, 한국의 지폐에서 발견된 병균의 유전정보가 발견된다.

'동물장기이식에 대한 시민합의회의'(2007), '국가재난질환 대응체계 기술영향평가사업'(2008) 등 서구 사회의 시민참여형 과학기술 정책 결정 모델을 적용한 10여 개의 프로젝트가 진행되어왔다.[38] 하지만 서구 바이오해커 집단의 사례처럼 오픈소스 정신을 바탕으로 제도권의 과학기술을 자유롭게 사용하려는 집단적 시도는 발견되지 않고 있다.●●●

●●● 국내에서 오픈소스 하드웨어를 표방하며 대학생 두 명이 오픈크리에이터스 opencreators라는 3D 프린터 제조회사를 설립하긴 했지만 아직까지 사회적 관심은 저조한 편이다. 이들은 렙랩 프로젝트의 오픈소스 정신을 좇아 서울 중구 을지로에 공간을 마련하고 2011년부터 연구에 몰두하기 시작, 온라인과 정기적인 오프라인 모임을 통해 그간 제작 기술을 공개해왔다. 2012년에는 첫 제품을 판매하기 시작했는데, 렙랩의 멘델 모델과 달리 스스로 부품을 만들어내지는 않는다. 그래서 제품의 모델명이 NP, Non-Printed 멘델, 즉 복제되지 않는 멘델이란 의미로 붙여졌다.[39]

▲ 예를 들어 퍼블릭 시티즌Public Citizen이나 미국소비자협회Consumer Union 산하에 조직된 애드보커넥션 AdvoConnection, 마이너스퍼스트My Nurse First, 특허보다 환자Patients Not Patents 등이 있다. 또한 유방암, 대장암, 파킨슨병 등 특정 질병에 초점 맞춘 기구들이 다수 존재한다. 가령 유방암연합 National Breast Cancer Coalition, 대장암연대Colon Cancer Alliance, 마이클 J. 폭스 파킨슨병연구재단Michael J. Fox Foundation for Parkinson' Research 등이 있다.[40]

▲▲ 국내에서 크라우드 펀딩 산업은 2011년부터 본격 성장하기 시작했으나 분야가 인디음악이나 독립문화 등에 한정되어 있고 성장세는 더딘 편이다.[41]

의료 분야의 경우 환자들의 입장에서 정책 결정 과정에 참여하는 움직임 역시 서구 사회에 비해 저조해 보인다. 미국에서는 환자옹호 단체들이 사회적으로 상당한 영향력을 발휘하고 있으며, 단체들 간 정보의 공유가 활발하게 이루어지고 있다.▲

연구자금을 효과적으로 확보할 수 있는 수단인 크라우드 펀딩은 서구와 달리 기부 문화가 정착되지 않은 상황이어서 그다지 활성화되지 않고 있다. 그리고 최근까지의 펀딩은 주로 문화와 예술 분야에 치중되어 있을 뿐 과학기술 분야에 대한 시도 자체를 찾아볼 수 없다.▲▲ 국내 크라우드 펀딩을 활성화시키기 위해 2012년 5월 기획재정부가 처음으로 크라우드 펀딩법 도입 계획을 발표했지만, 그 취지는 창업 초기 벤처기업의 자금 조달을 돕는 일이었다.▲▲▲ 또한 국내에서는 킥스타터 같은 미국의 펀딩 사이트를 통해 과학기술 연구자금을 확보하려 해도 그 절차가 번거롭다는 단점이 있다.★

한편 국내에서 이공계 전문가들은 제도권,

특히 대학에서 자리를 잡는 것을 우선적인 목표로 삼는다. 생명공학을 비롯해 과학기술에 전문성을 지닌 사람들이 비제도권에서 활동하는 일이 자연스러운 분위기인 서구 사회와는 대조적이다. 정부출연 연구소에서는 비정규직의 정규직 전환 문제가 오랫동안 주요 이슈로 부상되어왔고, 박사급 연구자들은 전반적으로 국내보다는 외국에서의 연구 활동을 선호하는 분위기가 지속되어왔다.**

하지만 국내에서 장차 바이오해커 집단의 활동이 활성화될 가능성은 존재한다. 제도권에서 합성생물학의 연구가 본격적으로 진행되기 시작했고, 개인맞춤형 유전정보를 활용하려는 움직임이 사회적으로 활발해지고 있기 때문이다.

▲▲▲ 국내 크라우드 펀딩법의 제정 취지는 2012년 미국 오바마 대통령이 서명한 잡스법JOBS, Jumpstart Our Business Startups Act과 유사하다. 잡스법은 중소기업과 신생 벤처기업 지원을 위해 개정된 증권법으로, 인터넷을 활용한 크라우드 펀딩 플랫폼을 통한 거래를 허용하고 있다.[42]

★ 한국에서 킥스타터에 프로젝트를 소개하려면 미국 은행계좌가 있어야 한다. 펀딩에 성공한 뒤에는 모금액의 5퍼센트를 킥스타터에 수수료로 지불해야 하며, 킥스타터가 아마존 계정을 사용하기 때문에 펀딩 금액에 따라 3~5퍼센트의 결제 수수료를 아마존에 별도로 내야 한다.[43]

** 최근 몇 년 동안 국내에서는 매년 5000여 명의 이공계 박사학위자가 배출되고 있는데, 취업률은 90퍼센트 정도로 높은 편이지만 이 가운데 54퍼센트는 비정규직이다. 또한 박사후과정을 밟는 이공계 박사의 64.3퍼센트가 외국에서, 35.7퍼센트가 국내에서 이수하는 것으로 나타났다.[44]

2011년 8월 교육과학기술부(미래창조과학부의 전신)는 글로벌프런티어 사업의 일환으로 '지능형 바이오 시스템 설계 및 합성 연구 사업단'(단장 카이스트 생명과학과 김선창 교수)을 발족했다. 글로벌프런티어 사업은 과거 G7 프로젝트와 21세기 프런티어사업을 발전시킨 대형 장기 연구개발 사업으로, 기존 기술의 한계를 돌파하는 세계 최고 수준의 원천기술 개발을 목표로 정부가 2010년부터 추진해왔다. 사업단별로 지원되는 연구비는 최대 9년간 총 4000억 원 이상에 달한다. 2011년 '지능형 바이오 시스템 설계 및 합성 연구 사업단'은 이름에서 드러나듯이 합성생물학 분야를 연구 주제로 설정하고 있다. 생명현상을 부품과 모듈의 관점에서 재해석하고, 새로운 부품과 회로를 장착한 인공지능 세포를 창의적으로 합성하는 일이 목표다. 사업단은 관절염, 유방암, 폐암 등 치료용 단백질의약품 및 화학의약품의 생산단가를 10분의 1 이상 줄이는 한편, 석유화학소재를 대체하는 바이오소재를 경제적으로 생산할 수 있는 원천기술을 확보하겠다고 밝혔다.

또한 사업단은 연구의 기반을 구축하기 위해 미국의 표준생물학부품목록의 사례처럼 표준화한 국산 생체 부품을 개발하고 보존할 수 있는 '한국 생물학 부품 소재 은행Korea Registry of Standard Biological Parts and Devices'을 구축하고 있다. 물론 국내 사업단이 바이오브릭재단과 같이 오픈소스 정신을 표방하며 일반인에게까지 그 정보를 공개할지 여부는 불확실하다. 하지만 국내에서 자체 생산된 부품의 확보가 확대될수록 바이오해커 집단이 이를 활용할 가능성은 커질 것으로 보인다. 만일 아이젬 대회에서 수준 높은 연구 성과가 계속 도출되고, 그 내용이 국내 언론매체를 통해 꾸준히 알려진다면, 국내에서도 아마추어 생물학자들에게 부품을 공개하고 활용을 유도하는 방안이 진지하게 검토될 수 있다.

서구 사회의 자가 헬스케어 프로젝트가 진행될 수 있는 사회적 기반 역시 제도권에서 마련되고 있다. 먼저 정부의 지원 아래 민간 부문에서 개인별 유전정보의 취합과 분석 작업이 활발히 진행되고 있다. 2010년 8월 15일 국내에서 미국 PGP와 유사한 한국인유전체프로젝트KPGP, Korean Personal Genome Project가 발족되었다. 개인유전체 프로젝트를 추진하는 국가로서는 미국과 캐나다에 이어 세 번째다.[45] KPGP를 이끄는 주체는 2010년 4월 교육과학기술부의 허가를 받아 설립된 비영리연구재단인 게놈연구재단Genome Research Foundation이다. 재단의 설립 목표는 맞춤형 진단과 맞춤형 의학을 통한 인간의 질병 정복, 건강 증진, 항노화 및 생물 활용 산업기술 개발 등이다.

KPGP는 재단의 대표 사업 가운데 하나이며, 한국인 100명의 전장유전체연관분석을 통해 한국인 표준 유전체 데이터베이스를 구축하고 있다.*

KPGP는 일반인, 연구자 그리고 기업의 참여로 이루어지고 있다. 자신의 유전정보를 알고 싶은 일반인의 경우 인간 유전학에 대한 교육과 심사를 통해 참여 여부가 결정되며, 참가자는 외국에서 소요되는 약 3000만 원에서 대폭 할인된 100만 원을 지불한다. 향후 이 자료가 공식 발표된다면 한국인의 질병과 관련된 유전자 표준을 바탕으로 일반인의 유전자검사가 활발하게 진행될 전망이다.

한국 정부는 기업이 주도하는 유전정보 시장의 창출을 적극 장려하고 있다. 2013년 산업통상자원부는 유전체 비즈니스 모델 개발과 산업화를 지원하는 '포스트게놈 다부처 유전체 사업'을 주도하겠다고 밝혔다.[46] 사업의 세부 안건에는 소비자를 상대로 직접 유전정보를 제공하는 B2C 서비스 모델의 개발을 정부가 직접 지원하겠다는 내용이 포함되었다.** 정부는 이 같은 서비스의 대표 사례로, 유전체 정보 및 의료기록의 유용성을 높이기 위해 개인 유전체 정보 및 의료기록을 안전하게 보관하는 건강정보은행 서비스, 개인의 유전체 유형 및 건강 상태에 따라 적합한 생활습관, 음식, 건강보조식품, 의료 서비스 등을 알려주는 개인맞춤형 건강정보 서비스, 소비자에게 원스톱 의료정보 서비스 창구를 제공하며 의료기관에게 환자의 유전형, 의료기록, 분석 결과를 제

* 게놈연구재단은 2009년 한국인유전체 정보를 처음 공개한 김성진 박사를 비롯해 당시 유전체 분석을 수행한 박종화 박사 연구팀, 테라젠이텍스와 관련 대주주들의 지원으로 설립되었다(www.pgi.re.kr).

** 2014년 2월 20일 정부가 배포한 보도자료("다부처 유전체 사업, 미래를 위한 투자 본격 시동")에 따르면 정부는 유전체 연구 전 분야에 걸쳐 향후 8년간 5788억 원을 투자할 계획이다. 그 세부 투자 분야로는, 개인별 맞춤의료를 실현하기 위한 질병진단·치료법 개발을 비롯해 동식물, 농업유용 미생물, 해양생물 등 각종 생명체의 유전정보를 활용한 고부가가치 생명자원 개발, 유전체 분석 기술 등 연구기반 확보 및 원천 기술 개발, 산업화 촉진을 위한 플랫폼 기술 개발 등이 있다.

공하는 u-헬스케어 포털 서비스 등을 제시했다. 산업부는 2014년부터 2021년까지 관련 산업의 인프라 구축을 위해 910억 원을 책정했으며, 이 가운데 200억 원을 기업 중심의 상용화를 위해 지원한다는 목표를 세웠다.

국내 생명공학과 IT 분야의 대표적 기업들은 이 같은 정부의 의지 표명 아래, 향후 유전정보를 바탕으로 한 개인맞춤형 의료시장을 적극 공략한다는 분위기다. 최근까지 파악되고 있는 관련 서비스와 기업은, 염기서열 분석 서비스(마크로젠, DNA-Link, 테라젠이텍스), 생명정보 분석 서비스(인실리코젠, 천랩, 삼성SDS°°°), 생물정보 클라우드(KT°), 결정 지원 시스템(테라젠이텍스, 삼성SDS) 등이다.

최근까지 국내에서 개인이 유전자검사를 받아온 경우는 주로 유전질환이 의심되는 사람들의 진단과 치료에 목적이 있었다.[47] 2005년부터 2012년까지 '생명윤리 및 안전에 관한 법률'에 따라 유전자검사를 시행하고자 질병관리본부에 신고한 기관은 총 243개이며,°° 2012년 말 현재 185개 기관이 실제로 검사를 시행하고 있었다. 이들 중 2013년 2월 28일부터 4월 20일까지 질병관리본부의 현황 조사에 응한 172개 기관을 보면, 의료기관이 99개(58퍼센트)이고 비의료기관은 73개(42퍼센트)였다. 2012년도 검사 실적은 모두 63만1484건이었는데,°°° 질병 진단 목적의 검사가 37만9129건(의료기관 20만5860건, 비의료기관 17만

°°° 2011년 2월 한국유전체학회 동계 심포지엄에서 발표된 자료에 따르면, 삼성SDS는 이미 가족유전자분석 프로젝트나 암 유전자 마커와 같은 프로젝트를 수행한 경험이 있으며, 이를 통해 실제 진단과 치료와 관련해 병원에 어떻게 쓰일지를 고민하고 있다고 한다.[48] 삼성SDS는 유전체사업을 추진하기 위한 핵심 역량으로 글로벌데이터센터, 클라우드컴퓨팅 기술, 맞춤기반 정보기술 서비스 노하우 등을 제시했다.

▲ KT는 2010년 12월 KPGP에 자체 개발한 클라우드컴퓨팅 서비스 기술을 제공하기로 했다고 밝혔다. 이후 KT 고객 중 20명을 선발해 개인의 전장유전체 분석 정보를 제공하는 이벤트를 진행, 2011년 9월 분석을 완료했다고 밝혔다.

▲▲ 2013년 2월부터 개정·시행중인 '생명윤리 및 안전에 관한 법률'에 따르면, 유전자검사는 인체 유래물로부터 유전정보를 얻는 행위로서 개인의 식별 또는 질병의 예방·진단·치료 등을 위한 검사를 의미한다. 법률 제50조(유전자검사의 제한 등) 제3항에 따르면, 의료기관이 아닌 유전자검사기관에서는 질병의 예방·진단·치료와 관련한 유전자검사를 할 수 없다. 다만, 의료기관의 의뢰를 받은 경우에는 검사가 허용된다.

3269건), 치료 목적인 경우가 20만3013건(의료기관 11만1374건, 비의료기관 9만1639건)으로 전체의 92퍼센트를 차지했다. 친자확인 등 개인 식별 검사는 1만9228건(의료기관 6건, 비의료기관 1만9222건)이었다. 만일 국내 기업들이 유전자검사 서비스 시장에 본격적으로 뛰어든다

면, 지금까지와 달리 건강한 일반인이라도 개인의 가계 확인과 질병 예측을 위한 목적으로 유전자검사를 받는 일이 대폭 증대할 가능성이 있다.

실제로 병원을 가지 않아도 자신의 유전자를 간단히 검사할 수 있는 길이 조만간 국내에서 열릴 조짐이 보이고 있다. 언론보도에 따르면 2014년 8월 초부터 정부는 '보건의료사업 규제개선 30개 주요 과제' 가운데 하나로 유전자분석 시장의 활성화 방안을 검토하고 있다고 한다. 민간업체가 직접 일반인의 유전자를 검사할 수 있도록 규제를 풀겠다는 의미다.

국내 대기업과 벤처회사들이 보유한 유전자분석 기술은 세계적인 수준이다. 이들에게 정부의 검토는 반가운 소식일 것이다. 일반인을 대상으로 대규모의 비즈니스를 수행할 수 있는 시장이 열리기 때문이다. 하지만 미국에서 벌어지는 사회적 논란을 떠올려보면 소비자에게는 반가운 일일까 의문이 든다. 미국은 오히려 관련 규제를 강화하고 있는 추세이기에 국내의 움직임이 마냥 반가운 것만은 아니다.

이상과 같이 국내에서 바이오해커 집단의 활동을 가능케 하는 사회적 기반이 마련되는 상황에서 한국 사회는 한편으로 합성생물학 분야에 대한 바이오해커의 기술혁신 잠재력을 높이는 방안을 강구하고,* 다른 한편으로 생물안전성과 생물안보 이슈에 효과적으로 대처

* 합성생물학 분야의 후발국인 한국이 선진국에 비해 얼마나 독자적인 기술혁신을 이루어낼 수 있을지에 대해서 예측하기는 어렵다. 다만 IT 분야에서 오픈소스 운동이 후발국에 새로운 기회를 제공할 수 있다는 점을 고려한다면 합성생물학 분야에서도 선진국의 오픈소스를 적극 활용하는 한편 자체적인 오픈소스를 신속하게 축적해야 한다. IT 분야의 경우 소스코드와 개발 방식이 공개되어 있어 후발국이 해당 지식을 빨리 습득할 수 있고, 낮은 가격으로 현지 상황에 맞게 적용시키기가 쉬우므로 고부가가치를 낳는 제품을 만들 가능성이 열려 있다.[50]

하는 방안을 고심해야 할 것이다. 이 과제들을 풀어나가는 과정에서 고려해야 할 몇 가지 사안을 정리해보자.

먼저 바이오해커의 활동과 그 의미를 사회에 제대로 알릴 필요가 있다. 미국의 경우 한 설문조사에 따르면 합성생물학에 대해 한 번도 들어보지 못한 미국인이 75퍼센트이고, DIY-Bio라는 말은 응답자의 92퍼센트가 모른다고 답했다.[49] 이 비율은 한국에서 더 높게 나타날 것으로 보인다. 이런 상황에서 바이오해커의 긍정적 활동에 대한 인식이 제대로 형성되기 어려울 것이다.

한편 유전정보의 자유로운 공유가 이루어지는 데 필요한 사회적 여건을 만들어야 한다. 가령 아이젬 대회의 참여를 독려하고 지원하거나** 이와 비슷한 행사를 국내에서 개최하는

** 고려대 최인걸 교수는 아이젬 대회 참여 과정에서 가장 어려운 문제의 하나로 비용을 꼽았다. 참가자들의 자비만으로는 대회 참가비, 비행기 요금, 숙소 요금 등을 모두 충당하기 어렵기 때문이다. 최 교수는 개인적인 인맥을 통해 여러 기관으로부터 후원을 받는 데 많은 시간이 소요되고 있다고 말했다.[51]

등의 시도를 통해 한국에서도 생명공학 분야의 성공적인 크라우드 소싱 사례를 만들 수 있을 것이다. 물론 현재 제도권에서 마련되고 있는 합성생물학 분야의 부품목록이나 개인별 유전정보 등을 누구에게 어느 정도까지 공개해야 할지를 검토할 필요가 있다. 이때 유전정보의 사용자가 특허를 취득하는 일을 어떻게 통제할 수 있는지 역시 검토의 대상이다. 만일 기업들이 독점적으로 지식재산권을 취득한다면 바이오해커의 활동 동기가 크게 줄어들 수 있기 때문이다.

바이오해커가 활동할 수 있는 공간을 제공하고 실험 장비를 지원하는 방안도 고려해볼 만하다. 예를 들어 고려대 최인걸 교수는 개인적

으로 오래전부터 합성생물학 연구의 활성화를 위해 바이오해커를 위한 한국형 열린 실험실을 만들 계획을 세워왔지만, 별도의 공간과 장비를 만드는 일이 큰 난관에 부닥치고 있다.[52]

최근 서구 사회에서 바이오해커의 연구를 지원하기 위한 공간인 해큐베이터hackubator가 등장한 것은 참조할 만하다. 해큐베이터는 바이오해커와 인큐베이터의 합성어로, 바이오해커 각자가 장차 벤처기업인으로 성장할 수 있도록 도와주는 공간이라는 뜻이다.[53] 보통 인큐베이터는 신생 벤처기업에게 제공하는 공간을 의미하는데, 해큐베이터는 인큐베이터 이전 단계의 1인 연구자에게 제공한다는 점이 특징이다. 미국과 유럽에서는 생명공학을 전공한 박사들이 기존의 제도권 내 정해진 길을 거부하고 자신만의 연구 공간을 추구하는 사례가 늘고 있다. 공간에 필요한 비용은 정부와 기업이 지원한다. 예를 들어, 2013년 7월 캘리포니아 주 칼즈배드에 설립된 바이오테크 앤드 비욘드Bio, Tech and Beyond는 일반적인 생명공학 인큐베이터에서 요구하는 월세 900달러의 절반 이하인 400달러면 들어갈 수 있다. 해큐베이터 설립자는 2년 내 여덟 개 벤처기업을 만든다는 조건으로 시로부터 건물을 무료로 임대할 수 있었다. 해큐베이터는 일반인을 대상으로 실험 공간을 갖춘 GenSpace와 달리 훨씬 전문적인 장비와 재료를 갖추고 있다. 예를 들어 2013년 8월 텍사스 주 라이스대학 인근에 설립된 브라이트워크 코리서치Brightwork CoResearch에는 라이스대학 줄기세포 연구자들과 지역 기업의 지원으로 2단계 생물안전성 수준의 미생물을 다룰 수 있는 장비가 비치되어 있다. 또한 20명의 전업 연구자와 20명의 파트타임 연구자를 위한 공간이 마련되어 있다.*

한편 한국 사회는 바이오해커 집단이 야기

* 시민과학자의 참여연구가 지속되려면 비전문직 종사자의 참여가 법률적으로 보장되어야 한다는 주장도 있다. 미국에서 최근까지 참여연구가 물리과학에서는 드물고 일부 생물과학 분야에서나 소수로 나타나는 이유가 제도적 정당성이 보장되지 않기 때문이라는 설명이다.[54]

할 수 있는 생물안전성과 생물안보 이슈에 대비해야 한다. 먼저 소통 구조의 구축이 필요하다. 아이젬 대회를 비롯해 여러 바이오해커의 활동 사례에서 보듯이 미국에서는 연방보안국과 제도권 전문가들이 위험 가능성을 최소화할 수 있도록 바이오해커와의 소통을 지속하고 있다.

또한 합성생물학이나 유전체학 등 최신의 생명공학 분야에 대한 인문사회학적 연구가 필요하다. 이 연구가 진행되기 위해서는 현실적으로 제도권 이공계의 노력이 우선적으로 필요하다고 생각한다. 인문사회학계에서는 첨단의 과학기술 지식을 이해하기가 힘든 데다 연구를 위한 자금의 확보가 쉽지 않다. 제도권의 전문가들은 첨단 과학기술 분야로 인한 예측할 수 없는 사회적 영향에 대비하기 위해 인문사회학계의 조언이 필요하다. 실제로 미국의 벤터는 합성 미생물을 제작하기 시작하는 시점에 인문사회학자들에게 합성 미생물이 가져올 위험과 그 대안을 예측하는 프로젝트를 요청한 바 있다. 그 결과 바이오해커 집단의 활동을 포함해 합성생물학의 위험에 대한 사회적 우려가 형성되었을 때, 벤터는 연구 집단의 자기통제 강화 방안 등 인문사회학자들이 마련한 대안을 제시하며 우려를 불식시켜나갔다.

인문사회학계가 어느 한쪽의 이해관계를 떠나 독립적 지위에서 문제를 조정하는 방안도 고려할 만하다. 미국의 우드로윌슨센터는 합성생물학이 등장한 2000년대 중반부터 합성생물학의 이익과 위험을 둘러싼 찬반의 입장을 정리하며 절충안을 모색해왔다. 예를 들어 2010년 우드로윌슨센터는 합성생물학이 미국의 경제성장에 추동력을 발휘하기 위해서는 연방정부의 적극적인 자금 지원이 필요하다는 요지의 정책 권고안[55]을 작성했다.●● 또한 최근에는 바이오해커들을 대

●● 권고안에 따르면, 실제로 미국의 국방위협감소국Defense Threat Reduction Agency은 바이오해커의 활동을 독려하기 위한 자금 지원 방안을 모색하고 있다고 한다.

　　　　　　　　　　　제4부 바이오해커, 어떻게 볼 것인가

상으로 설문조사를 벌여 사회적 우려를 나름대로 객관적으로 검토하
기 위한 노력을 기울였다.[56]

바이오해커 집단의 위상

바이오해커 집단의 활동은 기술혁신의 관점에서 흥미로운 연구 대상이다. 물론 그 활동이 비교적 최근에 가시화되고 있기에 아직 학술적인 평가를 내리기에는 이른 감이 있다. 보론에서는 기술혁신을 둘러싼 기존 학계의 이론 가운데 바이오해커 집단과 관련된 내용을 정리함으로써 향후 본격적인 논의에 도움이 될 만한 기초 자료를 제시하고자 한다.

바이오해커는 생명공학 분야의 지식과 장비를 활용해 새로운 기술을 개발하는 주체라는 점에서 생명공학 '사용자user'라고 부를 수 있다. 그간 생명공학 기술은 대학과 연구소 등의 제도권 내에서 주로 개발되어왔고, 제도권 바깥의 사람들은 그 개발의 산물을 활용했을 뿐이다. 하지만 바이오해커의 등장으로 이제 생명공학 기술은 일반인이 직접 사용할 수 있는 영역으로 전파되고 있다.

과학기술 분야에서 사용자가 기술혁신을 이루어온 사례와 그 잠재력에 대한 논의는 다수 존재한다. 대표적으로 미래학자 앨빈 토플러는 1970년대 말 소비자가 DIY 활동을 포함해 생산의 영역에 참여하는 일들이 점차 확대되는 현상에 주목하면서 '생산소비자prosumer'라는 신조어를 제시한 바 있다.[1] 기존의 수동적 소비자가 능동적 생산소비자로 변화됨에 따라 생산이 교환을 위한 생산에서 사용을 위한 생산으로 특징되는 '생산소비 부문'으로 점차 이전하고 있다는 주장이다. 토플러는 이 같은 경향이 사회의 경제 시스템 전체를 바꿀 수 있는 잠재력을 지녔다고 평가했다.

과학기술학Science and Technology Studies 분야에서는 사용자가 기술혁신에 기여하는 바를 실제 사례를 통해 긍정적으로 평가해왔다. 그동안 혁신적인 과학기술 지식을 창출하는 시스템에 대한 분석은 주로 공급 또는 생산자 측면에 초점을 맞춰왔다.[2] 예를 들어 기술혁신이 어떻게 이루어지는지 파악하기 위해 사회제도의 관점에서 접근하는 혁신체제론의 논의를 보면, 지식 공급의 주체인 대학과 연구소, 전문 인력의 교육과 훈련을 담당하는 체계, 자금을 공급하는 다양한 제도를 분석하는 일에 중점을 두었다. 하지만 최근에는 사용자가 기술혁신의 중요한 주체로 새롭게 인식되고 있는 분위기다.

새로운 기술을 개발하는 데 사용자의 역할이 중요하다고 주장한 학자들 가운데 MIT 교수인 에릭 폰 히펠과 그의 제자들이 주목할 만한 연구 성과를 냈다.[3] 폰 히펠은 1970년대 중반 가스크로마토그라피gas chromatograhper, 핵자기공명분광기nuclear magnetic resonance spectrometer, 자외선흡수분광광도계ultraviolet absorption spectrophotometer, 투과전자현미경transmission electron microscope 등의 전문적 과학 장비들이 개발돼온 과정을 상세히 분석한 결과 중요한 혁신을 이룬 주체는 개발자들이 아니라 종종 선도 사용자lead user였다는 점을 밝혔다. 즉 기존 제품의 문제점을 인식하고 새로운 발명을 통해 시제품을 만들어 그 가치를 실제로 입증한 주체는 대부분 장비 제조업체가 아니라 선도 사용자라는 것이다. 여기서 선도 사용자는 다른 소비자보다 제품이나 서비스의 개선 필요성을 먼저 인식하고 스스로 개선 작업에 착수해 시장 트렌드를 선도하는 사용자를 의미한다. 이후 30여 년간 폰 히펠과 제자들은 다양한 제품 사례에 대한 연구를 통해 유사한 결론을 내렸다.[4] 즉 이들은 산업재와 소비재 시장을 망라해 측정 장비 산업, 스포츠용품 산업, 반도체 산업, CAD 산업, 소프트웨어 산업 등에서 사용자가 직접 달성한 기술혁신의 비중이 20~30퍼센트에 이른다고 밝혔다.

폰 히펠의 주장은, 사용자가 기술의 구체적인 사용 과정에서 지식과 정보를 축적할 수 있으며, 이것이 기술개발 과정에서 매우 유용하게 활용될 수 있음을 시사하고 있다.[5] 따라서 기업의 입장에서 제품의 혁신을 성공시키기 위해서는 선도 사용자들을 잘 찾아내고 이들을 잘 활용하는 일이 중요해질 수 있다.[6]

바이오해커 집단 역시 생명공학의 사용자라는 면에서 향후 생명공학 시장을 새롭게 선도할 제품을 만들 가능성을 갖추고 있다. 폰 히펠의 논의는 이미 시장에 나온 제품이 상용화에 성공한 사례에 대한 분석이었지만, 바이오해커 집단의 성과물이 시장에서 성공했는지 여부를 평가할 만한 사례는 아직 발견되지 않는다. 따라서 선도 사용자의 개념을 통해 기술혁신에 기여한 사용자의 역할을 강조한 폰 히펠의 설명은 현재의 바이오해커 집단에 적용될 수 없다. 바이오해커가 생명공학의 사용자인 것은 사실이지만, 아이젬 대회와 식물발광 프로젝트, 3D 바이오 프린터 프로젝트의 참여자들은 최근까지 시제품을 만들고 있는 수준에 머물고 있다. 시제품이 사용자들에 의해 끊임없이 개발돼 시장에 성공적으로 진입한다면 이 사용자들이 폰 히펠이

지칭한 선도 사용자에 해당될 것이다.

하지만 선도 사용자가 종종 자신들의 개발 내용을 자유롭게 공유함으로써 혁신이 촉진될 수 있었다는 폰 히펠의 지적[7]은 여전히 검토할 가치가 있다. 왜냐하면 바이오해커 집단의 활동을 추동하고 있는 핵심 동력 가운데 하나가 오픈소스 정신이기 때문이다. 오픈소스 정신을 표방한 대표적인 혁신성공 사례는 IT 분야에서 계속 보고되고 있다. 즉 '사용자=개발자'인 상황에서 공개 소프트웨어를 통해 사용자가 자신에게 필요한 소프트웨어를 직접 개발해 소비하고, 그 내용을 다시 공개함으로써 집합적 혁신을 유발하는 경우다.[8] 그 대표 사례가 시장에서 성공적인 성장세를 지속하고 있는 컴퓨터 운영체제 리눅스*와 웹서버 아파치Apache다.** 바이오해커 집단의 오픈소스 정신과 현황을 IT 분야와 비교한다면 바이오해커 집단의 향후 혁신 가능성에 대해 주요 시사점을 얻을 수 있을 것이다.

이 책의 제2부에서는 최근까지 서구 사회에서 진행되고 있는 네 가지 프로젝트 사례를 통해 생명공학 사용자로서의 바이오해커 집단의 활동 내용과 그 성과물을 소개했다. 제3~5장은 합성생물학의 영향으로 활발하게 진행되고 있는 인간 외 생명체에 대한 프로젝트를, 제6장은 인체를 대상으로 하는 프로젝트를 소개했다. 각 장은 바이오해커 집단이 왜 프로젝트를 수행하는가(목표), 기술혁신에 필요한 요소들인 장비, 정보, 지적 능력, 자금 등을 어떻게 확보하는가(활동 현황), 프로젝트의 결과물은 무엇인가(성과) 등으로

* 일반적인 상업 분야에서 소프트웨어의 개발자는 소비자와 분리되어 있다. 개발자는 기업 직원이고 소비자는 출시된 상품을 사용한다. 따라서 소비자의 문제제기나 아이디어가 새로운 소프트웨어 개발에 반영되기 어려운 구조다. 이에 비해 리눅스는 개발자와 소비자가 동일하기 때문에 자신이 필요로 하는 문제를 가장 잘 해결할 수 있는 방안을 강구할 수 있다. 또한 사용자가 집단으로 제품을 테스트하고 버그를 잡아내는 병렬 작업이 가능하므로 단점을 신속하게 극복할 수 있다. 따라서 완전하지 못한 상태라 해도 새로 개발된 소프트웨어가 상대적으로 일찍 자주 발표될 수 있다.[9]

** 국내에서 사용자 참여를 통한 기술혁신을 다룬 연구로는 조선산업, 의료기기산업, 휴대기기산업 등 다양한 산업별 기술혁신 사례를 제시한 김영배의 연구,[10] 삼성전자의 블랙잭 스마트폰 기술혁신 사례를 제시한 배종태·김중현의 연구[11] 등이 있다.

구분해 정리했다. 이들 프로젝트 모두에서 오픈소스 정신이 바이오해커 활동의 기본적인 추동력으로 자리하고 있음을 확인할 수 있었다.

하지만 바이오해커 집단의 오픈소스 정신은 초창기 IT 해커의 오픈소스 정신과 근본적인 차이가 있다. 정보에 대한 자유로운 접근 면에서는 동일하지만, 그 성과물의 사적 소유를 인정한다는 점 등이 다르다. 제3부 제7장에서는 바이오해커 집단의 이러한 경향과 그 한계를 최근의 IT 오픈소스 동향과 연관지어 설명했다.

과학기술 분야에서 사용자에 대한 논의는 다른 한편으로 과학기술 정책 결정 과정에서 일반 시민의 참여가 갖는 의미와 중요성에 초점을 맞추어왔다. 이른바 시민참여형 기술혁신 모델에 대한 논의다. 과거에는 시민이 과학기술 정책의 결정 및 집행 과정의 외부에 존재하다가 최근 내부 주체로 전환된 점을 논의의 근거로 삼는다.[12] 예를 들어 과학기술 중심이 아닌, 사회경제적 수요를 주요 고려사항으로 설정해 미래기술을 예측하는 테크놀로지 포사이트Technology Foresight, 여러 기술 대안 가운데 특정 기술의 선택이 가능하다고 전제하는 구성적 기술영향평가, 시민 패널이 사회적으로 논쟁을 일으키는 과학기술 주제에 대해 입장을 정리하고 발표하는 합의회의 및 시민배심원제도, 대학 내 실험실이나 연구소가 지역 주민의 요구에 부응하는 연구개발 활동을 벌이는 과학상점 등이 그것이다. 이 같은 일련의 활동들은 과학기술 관련 문제에 대해 시민과 과학기술자가 상호학습을 수행하면서 새로운 지식을 창출할 가능성, 향후 유사한 문제에 대한 해결능력 함양, 지역 문제 해결능력 향상 등을 통해 기술혁신에 기여할 수 있다고 평가된다.***

*** 국내에서 시민참여형 모델에 관한 연구는 구성적 기술영향평가와 합의회의 및 시민배심제도의 경험을 총괄적으로 정리한 장영배·한재각의 연구[13] 등이 있다.

시민참여형 모델에서 보편적으로 추구하는 기술개발의 목표는 사회문제의 해결이다. 실제로 세계 혁신정책은 점차 사회문제 해결을 위한 방향으로 전개되고 있다.[14] 그동안 혁신정책은 중요 분야를 선정하고 자원을 투입해 혁신을 촉진하는 1세대(승자뽑기 정책)에서 혁신 주체들의 상호작용을 이해하고 효과적 혁신 시스템을 구축하는 2세대(시스템적 접근)로 변모해왔다. 하지만 최근에는 이전의 경제성장만을 목표로 삼는 일에서 벗어나 삶의 질 향상과 지속가능성 등의 사회적 목표를 혁신정책의 목표로 포괄하는 3세대(시스템적 접근)로 진입했다. 사회적 목표가 달성되기 위해서는 정책 결정과 집행 과정에 참여하는 주요 행위자에 기술혁신의 사용자인 시민사회가 주요하게 포함된다.

이 같은 분위기에서 서구 사회에서는 시민이 일정 공간에 모여 사회문제 해결을 위한 과학기술을 직접 개발하려는 시도가 활발하게 벌어지고 있다. 가령 리빙랩Living Lab은 최종 사용자의 참여와 기여를 통해 혁신 활동을 추진해나가는 새로운 혁신 모델로서, 공공, 민간, 시민이 연계해 혁신을 추구하는 4PPublic-Private-People-Partnership 모델의 한 가지 사례로도 제시되고 있다.[15] 유럽연합의 경우 2000년대 중반부터 유럽위원회의 자금 지원으로 두 개의 리빙랩 프로젝트가 시작되었으며 이후 19개의 리빙랩이 연대한 범유럽 네트워크ENoLL, European Network of Living Labs가 출범했다. 2011년 현재 ENoLL에는 전 세계 리빙랩 300여 개가 회원으로 참여하고 있다. 그 한 가지 사례로 덴마크의 에그몬트Egmont 리빙랩을 살펴보자. 리빙랩에 참여하는 이 지역 학교 장애학생들이 전동 휠체어 회사를 방문한 적이 있다. 이때 한 학생이 소니의 플레이스테이션 게임을 할 수 있는 조이스틱이 부착된 휠체어에 대한 아이디어를 냈고, 회사는 이 제안을 받아 시제품을 제작했다. 이후 인류학자가 참여해 학생들이 게임을 어떻게 수행하는지 관찰하고 제품 개선 활동을 수행했다.

리빙랩에 비해 팹랩Fab Lab에서는 지역 시민의 실험이 좀더 구체적으로 진행되고 있다.[16] 팹랩에서 팹은 제작Fabrication의 약자로, 지역의 실험실에서 각종 디지털 기기와 3D 프린터 같은 실험 장비를 구비해 학생, 예비 창업자, 중소기업가들이 기술적 아이디어를 실험하고 구현하는 공간이다. 2009년 미국에서는 팹랩네트워크USFLN, United States Fab Lab Network가 발족되었으며, 2012년 40여 개국 110개 이상의 팹랩이 상호교류를 하면서 운영되고 있다. 예를 들어 미국 오하이오 주 로레인카운티 커뮤니티칼리지에 설립된 팹랩은 컴퓨터, 3D 스캐너, 3D 프린터 등을 구비하고 주당 4~5일 35시간 개방하고 있다. 한 해 평균 1100여 명이 방문하고 있고, 일반인이 무료로 장비를 이용할 수 있다.

리빙랩과 팹랩은 대체로 일반인이 참여해 민주적으로 연구 목표를 설정한다는 점, 일반인 스스로가 자유롭게 연구를 수행할 수 있다는 점, 정보의 공개와 공유를 보장하는 개방형이라는 점 등에서 바이오해커 집단의 활동 공간과 유사하다. 그러나 바이오해커 집단의 활동은 리빙랩, 팹랩과 달리 실용적 요구에 부응해 이루어지고 있지만은 않다. 이보다는 생명현상 자체와 변형에 대한 개인의 지적 호기심, 개인별 영리를 추구하는 벤처정신이 강력한 추동력으로 작용하는 경우가 많다. 또한 바이오해커 집단은 제도권의 정책 결정 과정에 참여하는 일에 관심을 보이지 않는다. 오히려 제도권과 명확히 거리를 유지하면서 자체적인 활동의 자유를 추구하는 경향이 강하다. 따라서 리빙랩과 팹랩을 필두로 사회적 문제를 해결하기 위해 구성되어 온 서구 사회의 다양한 시민참여형 모델들에 바이오해커 집단을 포함시키기에는 무리가 있다. 바이오해커 집단의 이 같은 특성은 제2부 제3~5장에서 확인할 수 있다.

한편 인체를 대상으로 한 바이오해커 집단에 대해서는 의료 분야의 혁신에 대한 최근의 논의에서 일부 소개되고 있다.[17] '파괴적 혁신' '창의적 파괴' 등의 구호를 내걸고 있는 이들 논의는 최근 의료계에 닥치고 있는 디지털혁명의 흐름 속에서 현재의 의료시스템 전반이 획기적으로 전환될 것임을 강력하게 예고하고 있다. 이 같은 과정에서 의학의 사용자 또는 소비자가 담당하는 역할이 중요해질 것이며, 특히 DIY 집단의 활동이 그 전환에 주요 변수로 작용할 것이라는 지적이 제시되었다.

예를 들어 기존의 의료 서비스 공급자 중심의 헬스케어 체계는 환자 효용을 극대화하는 방향으로 변모할 것으로 전망된다.[18] 의료정보에 대한 접근이 쉬워지고, 소비자의 주권의식이 높아지며, 치료 방법이 다양해짐에 따라 환자 중심의 새로운 체제로 변화가 이루어질 수밖에 없다는 것이다. 이때 환자는 의료 서비스의 소비자인 동시에 생산자로 참여하는 일이 빈번하게 발생할 것으로 예상되는데, 가령 환자와 일반인들이 자신의 의료기록을 스스로 작성하는 등 의료행위의 일부를 담당하리라는 전망이다. 특히 소셜네트워크서비스의 발달로 비슷한 질환을 앓고 있는 환자나 건강에 대한 관심을 가진 사람들이 정보를 공유하며 적극적으로 공급자에게 의견을 표현하는 일이 늘어날 것이다.*

이상과 같은 논의는 바이오해커 집단이 자신의 유전정보를 비롯한 신체정보를 직접 알아내고 관리하는 현실을 잘 짚어냈다는 점에서 의미가 있다. 그러나 바이오해커 집단이 스스로 자신의 신체를 변화시키는 경향에 대한 설명은 빠져 있다. 제2부 제6장은 인체를 대상으로 변형을 시도하는 바

* 이처럼 온라인에서 건강정보를 적극 검색하고 활동을 펼치는 소비자를 사이버콘드리악스cyberchodriacs라고 부른다. 온라인을 뜻하는 cyber와 자신의 건강을 염려하는 상태를 의미하는 hypochondran이 결합된 단어다. 미국의 경우 2010년 인터넷 사용자의 88퍼센트가 온라인을 통해 건강정보를 습득한다는 통계가 있다.[19]

이오해커 집단의 최근 경향과 그 의학적 의미를 소개했다.[**]

한편 바이오해커 집단이 기술혁신의 주체로 성장하고 있지만 그 흐름을 방해할 수 있는 요소들 역시 존재한다. 지식재산권을 둘러싼 내부적인 갈등 요소 그리고 활동의 위험성을 우려하는 외부적인 견제 요소가 그것이다. 일반적으로 기술혁신 분야에서 주목받는 사용자의 경우와는 분명히 구별되는 특징들이다.

바이오해커 집단 활동의 위험성에 대해서는 제3부 제8장에서 설명했다. 생명체를 변형시키는 데서 파생하는 안전성과 안보의 문제를 제2부의 네 가지 프로젝트를 예로 들어 정리했다. 이어 제4부 제9장에서는 전체적으로 이전까지의 논의를 종합해 향후 바이오해커 집단이 어떤 방향으로 형성되어나갈지를 전망했다. 오픈소스를 둘러싼 지식재산권 문제와 위험성 문제를 바이오해커 집단 스스로와 우리 사회가 어떻게 풀어나갈지가 과제로 남아 있다는 점을 지적했다.

최근 소비자운동에 대한 연구에서는 사회적으로 바람직한 바이오해커 집단의 정체성을 떠올리는 데 참조할 만한 개념이 소개되고 있다. 이른바 소비자시민성consumer citizenship이라는 개념이다.[20] 소비자는 흔히 개인의 만족을 추구하는 경제적 주체로 인식된다. 그러나 1970년대 미국에서는 환경문제를 고려한 사회적 책임을 강조하는 '사회책임적 소비자'가 처음 정책 참여의 주체로 등장했으며, 1980년대 영국에서는 기업의 윤리성을 판단하고 구매 및 불매 행동을 벌이는 '윤리적 소비자'가 나타났다. 그 활동의 주체들은 모두 특정 소비자층이었다. 하지만 2000년대 들어 일상 소비생활에서 개인의 만족과 동시에 사회의 공공선을 배려하고 이들을 조화롭게 적용하려는 '소비자 시민성'을 갖춘 새로운 주체가 등장했다. 바이오해커 집단은 개인의 이익을 추구하는 동시에 생명공학 기술혁신을 위한 주요한 지식을 제공할 수 있다. 또한 바이오테러처럼 공공에게 위험을 제공하는 주체인 동시에 공공을 위해 그 위험을 사전에 적극 통제하고 경고하는 주체로서 역할을 수행할 수 있다. 바이오해커 집단이 소비자시민성을 갖추고 사회에 긍정적인 역할을 수행하는 주체로 성장할 수 있는 방안이 무엇인지 고민해야 할 시점이다.

고백하자면, 바이오해커 집단의 세세한 활동 과정을 정확하게 파악하는 데 한계가 있었다. 그래서 이들의 활동 동기를 좀더 구체적으로 확인하기가 어려웠다. 일반적으로 사용자가 기술혁신을 직접 수행하는 동기로 세 가지가 꼽힌다.[22] 혁신을 통해 얻는 경제적 혜택이 혁신 활동에 투입되는 비용보다 큰 경우, 혁신 과정에서 문제를 해결하는 즐거움을 만끽하는 경우, 마지막으로 공동체 내부에서 사회적 위상과 안정성을 확보하는 경우 등이다. 이 가운데 세 번째 동기는 공동체 내부에서 획득하는 명성을 통해 자신의 능력을 대외적으로 인정받고, 향후 기업체에 자리를 잡거나 다른 작업을 수행할 때 경제적으로 큰 이익을 제공 받을 수 있음을 의미한다.[23] 바이오해커들 가운데 분명 집단 내 명성을 얻기 위해 활동하는 인물이 있을 것이라 짐작했지만, 아직 앞의 두 가지 동기 외에 세 번째 동기로 활동하는 인물을 직접 확인할 수는 없었다.

공동체 내부의 구체적인 네트워크도 확인하기 어려웠다. 일반적으로 사용자에 의한 기술혁신 과정을 보면, 사용자의 요구가 다양하게 존재하는 만큼 혁신자 역시 다양하게 나타나며, 이들 혁신가가 분산된 네트워크를 이루며 공동체를 형성하게 된다.[24] 실제로 리눅스의 사례를 볼 때 모듈화를 통한 체계화된 기술개발 과정이 발견된다.[25] 즉 전체 시스템의 구성요소들이 모듈로 만들어지고, 모듈이 수행하는 기능과 인터페이스에 대한 기술명세들이 참여자들이 준수해야 하는 규격으로 제시됨에 따라, 참여자들은 전체 시스템을 이해하지 못한 채 자신의 담당 모듈에 대한 지식만으로도 시스템 개발에 기여할 수 있는 구조가 갖추어졌다. 바이오해커 집단의 경우 부품화와 표준화를 추구하는 합성생물학의 지식과 기술을 활용하는 사례가 많았지만, 이 책에서는 그 구체적인 모듈화 추이와 역할분담을 제시하지 못했다.

이 책은 바이오해커 집단의 활동을 기술혁신의 관점에서 엄밀하게 분석하기보다는, 최근까지의 활동 동향을 토대로 이들이 기술혁신에 영향을 미칠 수 있는 잠재력을 정리해 소개하는 데 머물렀다. 향후 바이오해커 집단의 성과물이 시장에 진입하는 사례가 늘어나는 시점에 다다랐을 때 비로소 기술혁신에 미친 이들의 영향에 대한 본격적인 논의가 이루어질 수 있을 것이다.

제1부

1. Stodden, V., 2010: 2.
2. 피오나 클락 & 데보라 일먼, 2002. 9.
3. 스티븐 슈나이더, 2012.
4. 스티브 엡스틴, 2012; 바바라 레이, 2011.
5. 켈리 무어, 2013: 368.
6. Bloom, J., 2009. 3. 19.
7. Vance, A., 2012. 2. 16.
8. Ledford, H., 2010: 650~652.
9. Carlson, R. H., 2005. 5.
10. Weiss, J., 2011: 36.
11. Kean, S., 2011: 1241.
12. Landrain, T. et al., 2013: 116~117.
13. Keats, J., 2011. 4. 11.
14. 임성원과의 이메일 인터뷰, 2012. 2. 14.
15. Kean, S., 2011: 1240.
16. 유재필, 2013: 27.
17. 이두갑, 2009: 25~27.
18. http://scienceon.hani.co.kr/archives/14339.
19. 이두갑, 2009: 29~30.
20. Takushi S., 2013.
21. Kean, S., 2011: 530.
22. 하대청, 2013: 6.
23. 하대청, 2013: 7.
24. 김훈기, 2010: 83~84.
25. Marcus, A. D., 2011. 12. 3.
26. http://scienceon.hani.co.kr/archives/14339.
27. Ledford, H., 2010: 652.
28. Ledford, H., 2010: 650~651.
29. Weiss, J., 2011, 36~37.
30. Alper, J., 2009.

31. Frow, E. & J. Calvert, 2013: 43.
32. Bloom, J., 2009.
33. Weiss, J., 2011: 36~37.
34. Grushkin, D. et. al., 2013: 5.
35. 케빈 데이비스, 2011: 87~89.
36. Wesselius, A. & M. P. Zeegers, 2013.
37. http://scienceon.hani.co.kr/archives/14339.
38. Kean, S., 2011: 1241.
39. Grushkin, D. et. al., 2013: 11
40. 김홍범, 2012: 6~7.
41. 김홍범, 2012: 10.

제2부

1. Campos, L., 2012, 118~119.
2. Campos, L., 2012, 119.
3. Vincent, B. B., 2013: 124.
4. Carlson, R. H., 2010.
5. Campos, L., 2012, 128~129.
6. Campos, L., 2012: 134.
7. Elowitz, M. B. & S. Leibler, 2000.
8. Endy, D., 2005: 449.
9. 최인걸 교수와의 인터뷰, 2012. 2. 16.
10. Bio Fab Group, 2006. 6: pp.48.
11. Frow, E. & J. Calvert, 2013: 44, 48.
12. Frow, E. & J. Calvert, 2013: 48.
13. 최인걸 교수와의 인터뷰, 2012. 2. 16.
14. Frow, E. & J. Calvert, 2013: 48.
15. Frow, E. & J. Calvert, 2013: 46.
16. Frow, E. & J. Calvert, 2013: 49.
17. 이철남, 2011: 196.
18. Frow, E. & J. Calvert, 2013: 47.
19. 김경환, 2012. 5: 77.
20. 임성원과의 이메일 인터뷰, 2012. 2. 14.
21. Mitchell, R. et. al., 2011: 157~159.
22. 김훈기, 2010: 112~115.
23. Levskaya, A. et. al. 2005.
24. Tabor J. J. et. al., 2009.
25. Lohmueller J. et. al., 2007; Haynes K. A. et. al., 2008; Baumgardner J. et.

al., 2009.

26. 최인걸 교수와의 인터뷰, 2013. 12. 28.

27. Frow, E. & J. Calvert, 2013: 49.

28. Ghorayshi, A., 2013. 7.31.

29. Kera, D., 2013: 6.

30. Kera, D., 2013: 6.

31. Krichevsky, A. et. al., 2010.

32. Kuiken T. & E. Pauwels, 2012. 12.

33. Stamboliyska, R., 2012. 12. 13.

34. Kuiken T. & E. Pauwels, 2012. 12.

35. 크리스 앤더슨, 2013: 244~245.

36. 허제, 2013: 31~33.

37. 호드 립슨·멜바 컬만, 2013: 121~122.

38. 호드 립슨·멜바 컬만, 2013: 139~143.

39. 호드 립슨·멜바 컬만, 2013: 122~123.

40. 허제, 2013: 198~205.

41. 호드 립슨·멜바 컬만, 2013: 172~174.

42. 추원식·안성훈, 2008.

43. 호드 립슨·멜바 컬만, 2013: 177.

44. 유재필, 2013. 8: 25~26.

45. 호드 립슨·멜바 컬만, 2013: 378~384.

46. 마시모 벤지, 2010: 37~41.

47. Flaherty, J., 2013.1.24; Leber, J., 2013. 2. 20.

48. 호드 립슨·멜바 컬만, 2013: 10.

49. Lorber, B. et. al., 2014.

50. Cossins, D., 2012. 10. 17.

51. 정보라·송한상, 2013. 9. 24.: 24~27.

52. 정보라·송한상, 2013. 9. 24.: 30~31.

53. 김대건, 2013. 11: 5~6.

54. 고유상 외, 2012. 8: 1~2.

55. 김대건, 2013. 11: 7~8.

56. 정보라·송한상, 2013. 9. 24.: 31.

57. Wesselius, A. & M. P. Zeegers, 2013.

58. 에릭 토플, 2012: 46.

59. 미샤 앵그리스트, 2011: 37~39.

60. Lallanilla, M., 2013. 11. 1.

61. Wesselius, A. & M. P. Zeegers, 2013.

62. Zimmer, C., 2013. 4.

63. Wesselius, A. & M. P. Zeegers, 2013.

64. 케빈 데이비스, 2011: 17~23.

65. Levina M., 2010.
66. Swan, M., 2012c.
67. Roberts, S., 2004; 2010.
68. Dolgin E., 2010.9: 953~955.
69. Swan, M., 2012b.
70. Akst, J., 2013. 3. 1.
71. Kido T. & M. Swan, 2013: 13.
72. Akst, J., 2013. 3. 1.
73. Levina M., 2010.
74. Swan, M., 2012c.
75. Do C. B. et. al., 2011.
76. Tung J. Y. et. al., 2011.
77. Eriksson N, et. al., 2010.
78. Swan, M., 2012c.
79. Swan, M., 2012a: 108.
80. Akst, J., 2013. 3. 1.
81. 고유상 외, 2012. 8: 66.
82. 고유상 외, 2012. 8: 35~36.
83. 고유상 외, 2012. 8: 38.
84. 고유상 외, 2012. 8: 36~37.
85. 고유상 외, 2012. 8: 42.
86. 고유상 외, 2012. 8: 44.

제3부

1. 송위진, 2000: 5.
2. 송위진, 2000: 9~10.
3. 송위진, 2000: 11.
4. 김경환, 2012. 6: 79.
5. Martin Fink, 2005: 58~59.
6. Van Lindverg, 2012: 247.
7. Raymond, E. 2001.
8. 송위진, 2000: 11~13.
9. Martin Fink, 2005: 61~62.
10. 김경환, 2012. 6: 79
11. Campos, L., 2012.
12. 최인걸 교수와의 이메일 인터뷰, 2012. 2. 8.
13. Carlson, 2010: 202.
14. Campos, L., 2012: 126, 129.

15. Su, Y., 2012: 7~11.
16. 김경환, 2010. 8: 79.
17. 김형건, 2012: 80.
18. 김경환, 2010. 8: 79.
19. 김형건, 2012: 72.
20. 김정완, 2004: 252~253.
21. Rai, A. & J. Boyle, 2007: 391.
22. Carlson, 2010: 208, 210.
23. Carlson, 2010: 201~202.
24. Campos, L., 2012: 127.
25. Su, Y., 2012: 13.
26. Campos, L., 2012: 118.
27. Fitzpatrick, E. R., 2013: 16.
28. Torrance, A. W., 2010: 661.
29. Fitzpatrick, E. R., 2013: 16.
30. Frow, E. & J. Calvert, 2013: 51.
31. Henkel, J. & S. M. Maurer, 2009: 1095.
32. Frow, E. & J. Calvert, 2013: 51.
33. Kean, S., 2011: 1241.
34. 심영택, 2011: 40~42.
35. 이철남, 2011: 203.
36. Kwok, R., 2010. 1: 288.
37. Kwok, R., 2010. 1: 288.
38. Kean, S., 2011: 1241.
39. Frow, E. & J. Calvert, 2013: 50.
40. Kwok, R., 2010. 1: 288.
41. Su, Y., 2012: 13.
42. Smolke, C. D., 2009: 1101~1102.
43. Sample, I., 2013. 11. 7.
44. 하대청, 2013: 7.
45. 에릭 토플, 2012: 119~120.
46. Poulter, S., 2014. 1. 20.
47. 유재필, 2013. 8: 28~29.
48. Schmidt, M., 2009: 95.
49. Schmidt, M., 2009: 82.
50. Engstrom, N. F., 2013: 37~39.
51. Engstrom, N. F., 2013: 37.
52. 김훈기, 2004: 26~27, 45.
53. 하대청, 2013: 3.
54. Wesselius, A. & M. P. Zeegers, 2013.

55. Dolgin E., 2010. 9: 954.
56. PCSBI, 2013.12.
57. Swan, M., 2012c.
58. Fomai, F. et. al, 2008.
59. Wicks P. et. al., 2011.
60. Akst, J., 2013. 3. 1.
61. 케빈 데이비스, 2011: 50.
62. Shanks, P., 2014. 1. 20.
63. 스티븐 엡스틴, 2012: 60.
64. Roberts, J. S. & J. Ostergren, 2013: 182.
65. Roberts, J. S. & J. Ostergren, 2013: 182.
66. Hill, K., 2013. 11. 25.
67. Maron, D. F., 2014. 1. 11.
68. Guan, Z. & M. Schmidt, 2013: 31.
69. Maron, D. F., 2014. 1. 11.
70. Sample, I., 2013. 11. 7.
71. Su, Y., 2012: 15.
72. Ghorayshi, A., 2013. 7. 31.
73. Ghorayshi, A., 2013. 7. 31.
74. Ghorayshi, A., 2013. 7. 31.
75. Kera, D., 2013: 7~8.
76. 김훈기, 2010: 68~69.
77. Zimmer, C., 2012. 3. 5.
78. Gorman, B.J., 2011: 439~440.
79. Zimmer, C., 2012. 3. 5.; 김명진, 2012. 1/2.
80. Hessel, A. et. al., 2012. 11.
81. Schmidt, M., 2009: 95~96.
82. 호드 립슨·멜바 컬만, 2013: 360~363.
83. 이승재, 2014. 2: 12~13.

제4부

1. Campos, L., 2012: 135.
2. Callaway, E., 2013. 3. 13.
3. Swan, M., 2012a: 96.
4. Khan, R. & D. Mittleman, 2013.
5. Mayer, M. & K. Ermoshina, 2013. 2. 12: 2.
6. Weiss, J., 2011: 37.
7. 스티븐 엡스틴, 2012: 36~38.

8. 스티븐 엡스틴, 2012: 51~53.

9. Kera, D., 2013: 6.

10. Kera, D., 2013: 7.

11. Carothers, J.M., 2013: 83~84.

12. Landrain, T. et al., 2013: 121.

13. Kera, D., 2012: 2~6.

14. Mayer, M. & K. Ermoshina, 2013. 2. 12.: 16~20.

15. Mayer, M. & K. Ermoshina, 2013. 2. 12.: 10~16.

16. Henkel, J. & S.M. Maurer, 2009: 1096.

17. 송위진, 2000: 19.

18. Henkel, J. & S. M. Maurer, 2009: 1095.

19. 호드 립슨·멜바 컬만, 2013: 378~384.

20. 송위진, 2000: 19~20.

21. PCSBI, 2010.

22. Gorman, B.J., 2011: 433.

23. classic.the-scientist.com/news/display/57816/.

24. Upbin, B., 2011. 7. 13.

25. Bloom, J., 2009.

26. Zimmer, C., 2012. 3. 5.

27. Ledford, H., 2010: 652.

28. Balmer A. & K.J. Bulpin, 2013.

29. Kean, S., 2011: 1241.

30. Balmer A. & K. J. Bulpin, 2013: 316.

31. Frow, E. & J. Calvert, 2013: 52~54.

32. Guan, Z. & M. Schmidt, 2013: 26.

33. Guan, Z. & M. Schmidt, 2013: 27.

34. Guan, Z. & M. Schmidt, 2013: 29.

35. Grushkin, D. et. al., 2013.

36. Grushkin, D. et. al., 2013: 13~14.

37. Gorman, B. J., 2011: 444~447.

38. 장영배·한재각, 2008.

39. 허제, 2013: 97~100.

40. 에릭 토플, 2012: 118.

41. 김홍범, 2012: 12~13.

42. 김홍범, 2012: 9~10.

43. 허제, 2013: 122.

44. 이장재, 2014. 1: 7~8.

45. Sample, I., 2013. 11. 7.

46. 김성수, 2013. 9: 94.

47. 조수회 외, 2013. 12.

48. http://www.koreahealthlog.com/2880.
49. Grushkin, D. et. al., 2013: 20~23.
50. 송위진, 2000: 23~25.
51. 최인걸 교수와의 인터뷰, 2012. 2. 16.
52. 최인걸 교수와의 인터뷰, 2012. 2. 16.
53. Gewin, V., 2013. 7.
54. 켈리 무어, 2013: 371~372.
55. Kuiken, T. & E. Pauwels, 2010.
56. Grushkin, D. et. al., 2013.

보론

1. 앨빈 토플러, 2006.
2. 김영배, 2008: 6; 송위진 외, 2004: 24~25.
3. Oudshoorn, N. & T. Pinch, 2008: 542.
4. 김영배, 2008: 7~8.
5. 송위진 외, 2004: 47.
6. Oudshoorn, N. & T. Pinch, 2008: 542.
7. Oudshoorn, N. & T. Pinch, 2008: 542.
8. 송위진 외, 2004: 40~44.
9. 송위진, 2000: 15.
10. 김영배, 2008.
11. 배종태·김중현, 2009.
12. 송위진, 2004: 76~77.
13. 장영배·한재각, 2009.
14. 송위진, 2008. 6: 2~3.
15. 송위진, 2012. 7.
16. 송위진·안형준, 2012. 10.
17. 에릭 토플, 2012; 고유상 외, 2012. 8; 클레이튼 M. 크리스텐슨 외, 2010.
18. 고유상 외, 2012. 8: 59~61.
19. 고유상 외, 2012. 8: 66.
20. 김정은·이기춘, 2008.
21. 정혜실, 2013. 10: 7~8.
22. 김영배, 2008: 11.
23. 송위진, 2000: 16.
24. 김영배, 2008: 15.
25. 송위진, 2000: 16.

1. 국문

- 고유상 외, 「헬스케어 3.0, 건강수명 시대의 도래」, SERI 연구보고서, 삼성경제연구소, 2012.
- 김경환(2010.8), "컴퓨터프로그램의 저작권법 및 특허법적 보호", 「기계기술」, pp.78~82.
- 김경환(2012.5), "오픈소스 소프트웨어의 역사", 「마이크로소프트웨어」, p.77.
- 김경환(2012.6), "오픈소스 소프트웨어의 라이선스의 유형", 「마이크로소프트웨어」, p.79.
- 김대건(2013.11), "웨어러블 디바이스(Wearable Device) 동향과 시사점", 「방송통신정책」, 25권, 21호, pp.1~26.
- 김도한·송홍기(2008), "시스템생물학의 연구동향 리포트" 「KSBMB Webzine」 8월호, 한국생화학분자생물학회.
- 김명진(2012.1/2), "변종조류독감 논쟁-제2의 아실로마가 될 것인가", 「시민과학」, 91호, pp.3~7.
- 김성수(2013.9), "포스트게놈 다부처 유전체 사업-산업부 주요 추진 방향", 국회의원 권은희 외, 「바이오 빅데이터 포럼 창립기념 세미나-창조경제 활성화를 위한 ICT-BT 미래전략 정책토론」, pp.93~95.
- 김영배(2008), 「사용자 혁신과 기술혁신 시스템」, 과학기술정책연구원.
- 김영창 외(2008), 「합성생물학」, 개신.
- 김정완(2004), "생명공학의 지적재산권 보호-저작물성을 중심으로", 「기업법연구」, 18권, 2호, pp.245~274.
- 김정은·이기춘(2008), "소비자시민성의 개념화 및 척도개발", 「소비자학연구」, 19권, 1호, pp.47~71.
- 김형건(2012), "인공 생명체에 대한 저작권 보호: 인공 DNA의 저작물성에 대한 논의를 중심으로", 「저작권」, 25권, 2호, pp.62~85.
- 김홍범(2012), 「과학기술과 크라우드 펀딩-사람과 기술을 이어주는 투자」, Issue Paper 20, 한국과학기술평가원.
- 김훈기(2004), 「유전자가 세상을 바꾼다」, 궁리.
- 김훈기(2010), 「합성생명-창조주가 된 인간과 불확실한 미래」, 이음.
- 류화신(2008), 「국내 생명공학 관련 법제의 현황 및 개선방안」, 생명공학정책연구센터.

- 마시모 벤지 저, 이호민 역(2010), 『손에 잡히는 아두이노』, 인사이트. 원저 Banji, M.(2008), *Getting Started with Arduino*, O'Reily Media, Inc.
- 미샤 앵그리스트 저, 이형진 역(2011), 『벌거벗은 유전자−개인게놈 공개, 당신의 모든 것을 말한다』, 동아사이언스. 원저 Angrist, M.(2010), *Here Is a Human Being: At the Dawn of Personal Genomics*, Harper Pr.
- 바바라 레이 저, 김병윤 역(2011), "거리를 누비던 사람들이 과학에 관심을 갖다−1·2·3", 『시민과학』, 86·87·88호. 원저 Ley, B.L.(2009), "From Touring the Streets to Taking on Science", *From Pink to Green: Prevention and the Environmental Breast Cancer Movement*, Rutgers University Press.
- 박용하(2008), 『LMO의 위해성 저감을 위한 기획 및 관리기술 개발』, 한국환경정책·평가연구원.
- 벤터 저, 노승영 역(2009), 『크레이그 벤터, 게놈의 기적』, 추수밭. 원저 Venter, J.C.(2007), *A Life Decoded*, Brockman, Inc.
- 배종태·김중현(2009), "온라인 커뮤니티를 통한 사용자혁신의 과정과 전략", 『기술경영경제학회 2009년도 동계학술발표회』, pp.3~24.
- 송위진(2000), 『개방형·모듈형 기술패러다임에 대응한 기술혁신전략−리눅스를 중심으로』, 과학기술정책연구원.
- 송위진 외(2004), 『사용자 참여형 기술혁신모델 연구』, 과학기술정책연구원.
- 송위진(2008.6), 『사회적 목표 지향적 혁신정책의 특성과 함의』, STEPI Working Paper Series(2008−02), 과학기술정책연구원.
- 송위진(2012.7), 『Living Lab: 사용자 주도의 개방형 혁신모델』, STEPI Issues & Policy, 59호, 과학기술정책연구원.
- 송위진·안형준(2012.10), 『Fab Lab: 사용자와 시민사회를 위한 혁신 공간』, STEPI Issues & Policy, 62호, 과학기술정책연구원.
- 스티븐 슈나이더(2012), "'시민−과학자'는 모순어법인가?", 대니얼 리 클라인맨 편, 김명진 외 역, 『과학, 기술, 민주주의』, 갈무리, pp.173~205. 원저 Kleiman, D.L. ed.(2000), *Science, Technology, and Democracy*, State University of New York Press.
- 스티븐 엡스틴(2012), "민주주의, 전문성, 에이즈 치료 운동", 대니얼 리 클라인맨 편, 김명진 외 역, 『과학, 기술, 민주주의』, 갈무리, pp.36~61.
- 심영택(2011), "지식재산논문−한국형 비실시기업과 비즈니스 모델", 『발명특허』, 36권, 1호, pp.40~50.
- 에릭 토플 저, 박재영 외 역(2012), 『청진기가 사라진다−디지털 혁명이 바꿔놓을 의학의 미래』, 청년의사. 원저 Topol E.(2012), *The Creative Destructions Of Medicine: How The Digital Rovelotion Will Create Better Health Care*, Basic Boos.
- 엘빈 토플러 저, 원창엽 역(2006), 『제3의 물결』, 홍신문화사.
- 오철우(2011.1.6), "바이오해커의 등장, DIY 과학문화의 신조류," 『사이언스온』 (scienceon.hani.co.kr/archives/14098).
- 유재필(2013.8), "오픈소스 하드웨어 플랫폼(OPHW) 동향 및 전망", 『Internet & Security Focus』, pp.24~50.

- 윤상활·김선원(2010), "합성생물학, 어디까지 왔나", 『Bioin 스페셜zin-합성생물학』, pp.1~15.
- 이두갑(2009), 『생명공학의 등장과 발달에서 지적재산권과 공유지식의 역할』, 과학기술정책연구원.
- 이승재(2014.2), 『3D 프린팅 기술이 바꿀 보건산업의 미래』, KHIDI.
- 이장재(2014.1), "국가 연구인력 유연 platform 구축: 출연(연)의 박사후 제도 중심으로", 국가과학기술자문회의 토론회·제55회 과총포럼, 『출연(연) 중심의 연구인력 유동성 활성화 방안』, 한국과학기술단체총연합회, pp.5~19.
- 이철남(2011), "자유/오픈소스 소프트웨어의 지적재산권과 경쟁", 『창작과 권리』, 63호, pp.175~207.
- 장영배·한재각(2008), 『시민참여적 과학기술정책 형성 발전방안』, 과학기술정책연구원.
- 정보라·송한상(2013.9.24), 『유헬스와 디지털헬스』, 한화투자증권.
- 정혜실(2013.10), 『Democratizing Innovation in Health Industry-'사용자 혁신'을 통한 보건산업 활성화 방안』, 보건산업브리프, 94호.
- 조수회 외(2013.12), "2012년도 유전자검사 현황", 질병관리본부(www.cdc.go.kr/ CDC/notice/CdcKrInfo0301.jsp?menuIds=HOME001-MNU1154-MNU0005- MNU0037&cid=22039).
- 추원식·안성훈(2008), "바이오프린팅 기술의 소개", 『한국CAD/CAM학회지』, 14권, 1호, pp.5~11.
- 케빈 데이비스 저, 우정훈 외 역(2011), 『$1,000 게놈』, MID. 원저 Davis K.(2010), *The $1,000 Genome*, A Division of Simon & Schuster, Inc.
- 켈리 무어(2013), "사람들이 힘을 불어넣다: 참여과학에서 과학의 권위", 스콧 프리켈·켈리 무어 편, 김동광 외 역, 『과학의 새로운 정치사회학을 향하여』, 갈무리, pp.346~372. 원저 Scott F. & K. Moore ed.(2006), *The New Political Sociology of Science*, The Board of Regents of the University of Wisconsin System.
- 크리스 앤더슨 저, 윤태경 역(2013), 『메이커스』, 알에이치코리아. 원저 Anderson, C.(2012), *Makers: The New Industrial Revolution*, Brockman, Inc.
- 클레이튼 M. 크리스텐슨 외 저, 배성윤 역(2010), 『파괴적 의료혁신』, 청년의사. 원저 Christensen, C.M. et.al.(2009), *The Innovator's Prescription*, McGrow-Hill Gompanies, Inc.
- 피오나 클락 & 데보라 일먼(2002.9), "시민의 과학의 여러 차원들: 시론적 에세이", 『시민과학』, 40호, pp.30-45. 원저 Clark, F. & D.L. Illman(2001), "Dimensions of Civic Science: Introductory Essay", *Science Communication*, 23(1), pp.5~27.
- 하대청(2013), "유전자검사의 윤리적·사회적 쟁점-예측성 검사와 유전자 특허 문제를 중심으로", 『생명윤리포럼』, 2권, 3호, pp.1~9.
- 허제(2013), 『3D 프린터의 모든 것』, 동아시아.
- 호드 립슨·멜바 컬만 저, 김소연·김인항 역(2013), 『3D 프린팅의 신세계』, 한스미디어. 원저 Lipson, H. & M. Kurman(2013), *Fabricated: The New World of 3D Printing*, John Wiley & Sons, Inc.

- Martin Fink 저, 조광제 역(2005), 『리눅스와 오픈소스의 비즈니스와 경제학』, 영 진닷컴. 원저 Martin Fink(2005), *Business and Economics of Linux and Open Source, 1st ed.*, Pearson Education, Inc.
- Van Lindverg 저, 이철남 외 역(2012), 『지적재산권 관점에서 소프트웨어-오픈소 스 바라보기』, 서울경제경영. 원저 Van Lindberg(2008), *Intellectual Property and Open Source, 1st ed.*, O'Reilly Media, Inc.

2. 영문

- Alper, J.(2009), "Biotech in the basement", *Nature Biotechnology*, 27(12), pp.1077~1078.
- Akst, J.(2013.3.1), "Do-It-Yourself Medicine", *The Scientist Magazine*(www. the-scientist.com/ ?articles.view/articleNo/34433/title/Do-It-Yourself-Medicine).
- Balmer A. & P. Martin(2008), *Synthetic Biology, Social and Ethical Challenges*, Institute for Science and Society, University of Nottingham.
- Balmer A. & K.J. Bulpin(2013), "Left to their own devices: Post-ELSI, ethical equipment and the International Genetically Engineered Machine(iGEM) Competition", *BioSocieties*, 8(3), pp.311~335.
- Baumgardner J. et. al.(2009), "Solving a Hamiltonian path problem with a bacterial computer", *Journal of Biological Engineering*, 3(11).
- Bio Fab Group(2006.6), "Engineering Life: Building a FAB for Biology", *Scientific American*, pp.44~51.
- Bloom, J.(2009.3.19), "The geneticist in the garage", *The Guardian*(www. guardian.co.uk/ technology/2009/mar/19/biohacking-genetics-research).
- Boldt, J. & O. Müller(2008), □Newtons of the Leaves of Grass,□ *Nature Biotechnology*, 26(4), pp.387~389.
- Callaway, E.(2013.3.13), "DNA tool kit goes live online", *Nature*(www.nature. com/ news/dna-tool-kit-goes-live-online-1.12585).
- Campos, L.(2012), The BioBrick™ road, *BioSocieties*, 7(2), pp.115~139.
- Carlson, R.H.(2005.5), "Splice It Yourself-Who needs a geneticist? Build your own DNA lab," *Wired*(www.wired.com/wired/archive/13.05/view. html?pg=2?tw=wn_tophead_5).
- Carlson, R.H.(2010), *Biology Is Technology: The Promise, Peril, and New Business of Engineering Life*, Harvard University Press.
- Carothers, J.M.(2013), "Design-driven, multi-use research agendas to enable applied synthetic biology for global health", *Systems and Synthetic Biology*, 7, pp.79~86.
- Cossins, D.(2012.10.17), "Venter Supports DNA Printers", *The Scientist*(www.

the−scientist.com/?articles.view/articleNo/32872/title/Venter−Supports−DNA−Printers).

- Do C.B. et. al.(2011), "Web−based genome−wide association study identifies two novel loci and a substantial genetic component for Parkinson's disease", *PLoS Genetics*, 7(6), e1002141.

- Dolgin E.(2010.9), "Personalized investigation", *Nature Medicine*, 16(9), pp.953~955.

- Elowitz, M.B. & S. Leibler(2000), "Synthetic oscillatory network of transcriptional regulators", *Nature*, 403, pp.335~338.

- Endy, D.(2005), "Foundations for engineering biology," *Nature*, 348, pp.449~453.

- Endy, D.(2008), "Reconstruction of the Genomes," *Science*,, 319, pp.1196~1197.

- Engstrom, N.F.(2013), "3−D printing and product liability identifying the obstacles", *University of Pennsylvania Law Review Online*, 162(35), pp.35~41.

- Eriksson N, et. al.(2010), "Web−based, participant−driven studies yield novel genetic associations for common traits", *PLoS Genetics*, 6(6), e1000993.

- Est, R. van, H. de Vriend, B. Walhout(2007), *Constructing Life: The World of Synthetic Biology*(www.rathenauinstituut.com/showpage.asp?steID=2&ID=3058).

- ETC group(2007), *Extreme Genetic Engineering: An Introduction to Synthetic Biology*.

- Fitzpatrick, E.R.(2013), "Open Source Synthetic Biology: Problems and Solutions", Student Seton Hall Law, *Student Scholarship*, paper 47.

- Flaherty, J.(2013.1.24), "DIY Bioprinter Lets Wannabe Scientists Build Structures From Living Cells", *Wired*(www.wired.com/design/2013/01/diy−bio−printer/).

- Fleming, D.O.(2006), "Risk Assessment of Synthetic Genomics: A Biosafety and Biosecurity Perspective," pp.105−164 in Garfinkel, M.S. et al.(2007), *Working Papers for Synthetic Genomics: Risks and Benefits for Science and Society*.

- Fomai, F. et.al.(2008), "Lithium delays progression of amyotrophic lateral sclerosis", *Proceedings of the National Academy of Sciences*, 105(6), pp.2052~2057.

- Frow, E. & J. Calvert(2013), "'Can simple biological systems be built from standardized interchangeable parts?' Negotiating biology and engineering in a synthetic biology competition", *Engineering Studies*, 5(1), pp.42~58.

- Ganguli−Mitra, A. et al.(2009), "Of Newtons and heretics,," *Nature Biotechnology*. 27(4), pp.321~322.

- Garfinkel, M.S. et al.(2007), *Synthetic Genomics: Options for Governance*, J.

Craig Venter Institute, CSIS, MIT.

- Gewin, V.(2013.7), "Biotechnology: Independent streak", *Nature*, 499, pp.509~511.
- Ghorayshi, A.(2013.7.31.), "Bio Hackers", *East Bay Express*(www.eastbayexpress.com/ oakland/bio-hackers/Content?oid=3669408).
- Gibson, D.G. et. al.(2008), "Complete Chemical Synthesis, Assembly, and Cloning of a Mycoplasma genitalium Genome", *Science*, 319, pp.1215~1220.
- Gorman, B.J.(2011), "Patent Office as Biosecurity Gatekeeper: Fostering Resoponsible Science and Building Public Trust in DIY Science", *The John Marshall Review of Intellectual Property Law*, pp.423~449.
- Grushkin, D. et. al.(2013), *Seven Myths & Realities about Do-It-Yourself Biology*, Woodrow Wilson International Center for Scholars.
- Guan, Z. & M. Schmidt(2013), "Biosafety Consideration of Synthetic Biology in the International Genetically Engineered Machine(iGEM) Competition", *American Institute of Biological Sciences*, 63(1), pp.25~34.
- Hajibabaei, M.(2012), "The golden age of DNA metasystematics", *Trends is Genetics*, 28(11), pp.535~537.
- Haynes K.A. et. al.(2008), "Engineering bacteria to solve the burnt pancake problem", *Journal of Biological Engineering*, 2(8).
- Henkel, J. & S.M. Maurer(2009), "Parts, property and sharing", *Nature Biotechnology*, 27(12), pp.1095~1098.
- Hessel, A. et. al.(2012.11), "Hacking the President's DNA", *The Atlantic* (www.theatlantic.com/magazine/print/2012/11/hacking-the-presidents-dna/309147).
- Hill, K.(2013.11.25), "The FDA just ruined your plans to buy 23andMe's DNA test as a Christmas present", *Forbes*(www.forbes.com/sites/kashmirhill/2013/11/25/fda-23andme).
- Kean, S.(2011), "The Human Genome (Patent) Project, *Science*, 331(6017), pp.530~531.
- Kean, S.(2011), "A Lab of Their Own", *Science*, 333(6047), pp.1240~1241.
- Keats, J.(2011.4.11), "Putting the DIY in DNA", *New Scientist*(www.newscientist.com/ blogs/culturelab/2011/04/putting-the-diy-in-dna.html),
- Kera, D.(2012), "Hackerspace and DIYbio in Asia: connecting science and community with open data, kits and protocols", *Journal of Peer Production*, Issue#2, pp.1~8.
- Kera, D.(2013), "Innovation regimes based on collaborative and global tinkering: Synthetic biology and nanotechnology in the hackerspaces", *Technology in Society*, pp.1~10.
- Khan, R. & D. Mittleman(2013), "Rumors of the death of consumer genomics are greatly exaggerated", *Genome Biology*, 14, pp.139~141.

- Kido T. & M. Swan(2013), "Exploring the mind with the aid of personal genome—citizen science genetics to promote positive well—being", the 2013 AAAI Spring Symposium, *Data Driven Wellness: Self-Tracking to Behavior Change*, pp.12~17.
- Krichevsky, A. et. al.(2010), "Autoluminescent Plants", *PLoS ONE*, 5(11), e15461.
- Kuiken T. & E. Pauwels(2012.12), *Beyond the Laboratory and Far Away: Immediate and Future Challenges in Governing the Bio-Economy*, Woodrow Wilson International Center for Scholars.
- Kwok, R.(2010.1), "Five hard truths for synthetic biology", *Nature*, 463, p.288~290.
- Lam, C.M.C et. al.(2009), "An Introduction to Synthetic Biology", in Schmidt, M. et. al. eds., *Synthetic Biology-The technoscience and its societal consequences*, pp.23~48, Springer.
- Landrain, T. et al.(2013), "Do—it—yourself biology: challenges and promises for an open science and technology movement", *Systems and Synthetic Biology*, 7, pp.115~126.
- Leber, J.(2013.2.20), "A DIY Bioprinter Is Born", *MIT Technology Review* (www.technologyreview.com/view/511436/a—diy—bioprinter—is—born/).
- Ledford, H.(2010), "Life Hackers", *Nature*, 467, pp.650~652.
- Levina, M.(2010), "Googling your genes: personal genomics and the discourse of citizen bioscience in the network age", *Journal of Science Communication*, 9(1).
- Levskaya, A. et. al.(2005), "Synthetic biology: Engineering Escherichia coli to see light", *Nature*, 438, pp.441~442.
- Lallanilla, M.(2013.11.1), "'Biohacker' Implants Chip in Arm", *LiveScience* (www.livescience.com/40892—biohacker—tim—cannon—cyborg.html).
- Lohmueller J. et. al.(2007), "Progress toward construction and modelling of a tri—stable toggle switch in E. coli.", *IET Synthetic Biology*, 1(1–2), pp.25~28.
- Lorber, B. et. al.(2014), "Adult rat retinal ganglion cells and glia can be printed by piezoelectric inkjet printing", *Biofabrication*, 6, 015001.
- Maron, D. F.(2014.1.11), "After 23andMe, Another Personal Genetics Firm Is Charged with False Advertising", *Scientific American*(www.scientificamerican.com/article/after—23andme— another/).
- Marcus, A.D.(2011.12.3), "Citizen Scientists", *The Wall Street Journal*(online.wsj.com/news/articles/SB10001424052970204621904577014330551132036).
- Mitchell, R. et. al.(2011), "Experiential engineering through iGEM—an undergraduate summer competition in synthetic biology", *Journal of Science Education and Technology*, 20(2), pp.156~160.
- Oudshoorn, N. & T. Pinch(2008), "User—Technology Relationships: Some

Recent Developments", edited by Hackett, E.J. et. al., *The Handbook of Science and Technology Studies, 3rd ed.*, The MIT Press, pp.541~565.

* Parens, E. et al.(2009), *Ethical Issues in Synthetic Biology-An Overview of the Debates*, Woodrow Wilson International Center for Scholars.
* PCSBI(2010.12), *New Directions-The Ethics of Synthetic Biology and Emerging Technology.*
* PCSBI(2013.12), *ANTICIPATE and COMMUNICATE: Ethical Management of Incidental and Secondary Findings in the Clinical, Research, and Direct-to-Consumer Contexts.*
* Poulter, S.(2014.1.20), "Soaring sales of 'dangerous' do-it-yourself DNA test kits: Number of websites selling products doubles in two years", *Daily Mail*(www.dailymail.co.uk/ news/article-2542956/Soaring-sales-dangerous-DNA-test-kits-Number-websites-selling-products-doubles-two-years.html).
* Rai, A. & J. Boyle(2007), "Synthetic Biology: Caught between Property Rights, the Public Domain, and the Commons", *PLoS Biology*, 5(3), pp.389~393.
* Raymond, E.(2001), *The Cathedral and Bazaar: Musings on Linux and Open Source by an Accidental Revolutionary*, O'Reilly Media.
* Roberts S.(2004), "Self-experimentation as a source of new ideas: ten examples about sleep, mood, health, and weight", *The Behavioral Brain and Sciences*, 27(2), pp.227~262.
* Roberts S.(2010), "The unreasonable effectiveness of my self-experimentation", *Medical Hypotheses*, 75(6), pp.482~489.
* Roberts, J.S. & J. Ostergren(2013), "Direct-to-Consumer Genetic Testing and Personal Genomics Services: A Review of Recent Empirical Studies", *Current Genetic Medicine Reports*, 1(3), pp.182~200.
* Rodemeyer, M.(2009), *New Life, Old Bottles: Regulating First-Generation Products of Synthetic Biology*, Woodrow Wilson International Center for Scholars.
* Sample, I.(2013.11.7), "Critics urge caution as UK genome project hunts for volunteers", *Guardian.*
* Schmidt, M.(2008), "Diffusion of Synthetic Biology: A Challenge to Biosafety," *Systems and Synthetic Biology*(www.springerlink.com/content/838234qr720218w8/).
* Schmidt, M.(2009), "Biosafety Issues in Synthetic Biology", in Schmidt, M. et. al. eds., *Synthetic Biology-The technoscience and its societal consequences*, pp.81-100, Springer.
* Shanks, P.(2014.1.20), "Hit-and-Miss Genetic Testing", *Biopolitical Times*(www.biopoliticaltimes.org/article.php?id=7441).
* Smolke, C.D.(2009), "Building outside of the box: iGEM and the BioBricks

Foundation", *Nature Biotechnology*, 27(12), pp.1099~1102.

- Sprinzak, D. & M.B. Elowitz(2005), "Reconstruction of genetic circuits", *Nature*, 438, pp.443~448.
- Stamboliyska, R.(2012.12.13.), "How do we make DIYBio sustainable?"(www.scilogs.com/ beyond_the_lab/how–do–we–make–diybio–sustainable).
- Stodden, V.(2010), "Open science: policy implications for the evolving phenomenon of user–led scientific innovation", *Journal of Science Communication*, 9(1), pp.1~8.
- Su, Y.(2012), "Redefining Open Source for Synthetic Biology"(ssrn.com/ abstract=1990113 or doi:10.2139/ssrn.1990113).
- Swan, M.(2012a), "Health 2050: The Realization of Personalized Medicine through Crowdsourcing, the Quantified Self, and the Participatory Biocitizen", *Journal of Personalized Medicine*, 2, pp.93~118.
- Swan, M(2012b), "DIYgenomics crowdsourced health research studies: personal wellness and preventive medicine through collective intelligence", AAAI Symposium on Self–Tracking and Collective Intelligence for Personal Wellness.
- Swan, M.(2012c), "Crowdsourced Health Research Studies: An Important Emerging Complement to Clinical Trials in the Public Health Research Ecosystem", *Journal of Medical Internet Research*, 14(2), e46.
- Swan, M.(2013), "The Quantified Self: Fundamental Disruption in Biological Discovery", *Big Data*, 1(2), pp.85~99.
- Takushi S.(2013), "Biological Prospectors, Pirates, Pioneers, and Punks in the Andes Mountains: An Examination of Scientific Practice in the Andean Community of Nations", *Honors Projects*, Paper 16, Illinois Wesleyan University.
- Tabor J.J. et. al.(2009), "A synthetic genetic edge detection program", *Cell*, 137(7), pp.1272~1281.
- Torrance, A.W.(2010), "Synthesizing Law for Synthetic Biology", *Journal of Law, Science & Technology*, 11(2), pp.629~665.
- Tung J.Y. et. al.(2011), "Efficient replication of over 180 genetic associations with self–reported medical data", *PLoS One*, 6(8), e23473.
- Upbin, B.(2011.7.13), "The Bioweathermap Sees The Germs Around Us", *Forbes* (www.forbes.com/sites/bruceupbin/2011/07/13/the–bioweathermap–sees–the–germs–around–us).
- Vance, A.(2012.2.16), "A Five–Day Recipe for Antidepressant Yogurt", *Bloomberg Businessweek*(www.businessweek.com/technology/a–fiveday–recipe–for–antidepressant–yogurt–02162012.html).
- Vincent, B.B.(2013), "Disicpline–building in synthetic biology", *Studies in History and Philosophy of Biological and Biomedical Sciences*, 44,

pp.122~129.

- Vriend, H. de.(2006), *Constructing Life: Early Social Reflections on the Emerging Field of Synthetic Biology*, Rathenau Institute.
- Wesselius, A. & M.P. Zeegers(2013), "Direct-to-consumer genetic testing", *OA Epidemiology*, 1(www.oapublishinglondon.com/abstract/582).
- Weiss, J.(2011), "Biohacking: The Beginning of the Biological Revolution", *THE TRIPLE HELIX*, pp.36~37.
- Wicks P, et. al.(2011), "Vaughan TE, Massagli MP, Heywood J. Accelerated clinical discovery using self-reported patient data collected online and a patient-matching algorithm", *Nature Biotechnology*, 29(5), pp.411~414.
- Wohlsen, M.(2011), *Biopunk: DIY Scientists Hack the Software of Life*, Penguin Group.
- Zimmer, C.(2012.3.5), "Amaterus Are New Fear in Creating Mutant Virus", *The New York Times*(www.nytimes.com/2012/03/06/health/amateur-biologists-are-new-fear-in-making-a-mutant-flu-virus.html?_r=1&ref=health).
- Zimmer, C.(2013.4), "Bringing them back to life", *National Geographic*, pp.28~41.

바이오해커가 온다

ⓒ 김훈기 2015

1판 1쇄 2015년 7월 13일
1판 3쇄 2022년 3월 23일

지은이 김훈기
펴낸이 강성민
편집장 이은혜
마케팅 정민호 이숙재 김도윤 한민아 정진아 이가을 우상욱 박지영 정유선
브랜딩 함유지 함근아 김희숙 정승민
제작 강신은 김동욱 임현식

펴낸곳 (주)글항아리 | 출판등록 2009년 1월 19일 제406-2009-000002호

주소 10881 경기도 파주시 회동길 210
전자우편 bookpot@hanmail.net
전화번호 031-955-2696(마케팅) 031-955-1903(편집부)
팩스 031-955-2557

ISBN 978-89-6735-212-7 03470

geulhangari.com